资助项目：广西重点研发计划项目（桂科AB22080060、桂科AB24010151）

广西气候变化监测报告

（1961—2020年）

广西壮族自治区气候中心 编著

气象出版社
China Meteorological Press

内 容 简 介

为更好地认识和了解气候变化，全面反映广西区域气候变化特征，利用广西壮族自治区最新监测资料，编写了《广西气候变化监测报告（1961—2020年）》。该报告共分为4章，分别从大气（气温、降水、其他要素、天气气候事件）、陆地（地温、土壤相对湿度）、海洋（北部湾海域海表温度、广西沿海海平面变化）、生态气候（物候、植被）方面揭示了1961—2020年广西气候变化的科学事实，可为政府有效制定气候变化政策、提高公众对适应气候变化的认知水平提供科学的依据。

图书在版编目（CIP）数据

广西气候变化监测报告. 1961—2020年 / 广西壮族自治区气候中心编著. -- 北京 : 气象出版社, 2024. 7.

ISBN 978-7-5029-8245-4

Ⅰ. P468.267

中国国家版本馆CIP数据核字第20246721MB号

广西气候变化监测报告（1961—2020年）

Guangxi Qihou Bianhua Jiance Baogao(1961—2020 Nian)

出版发行：气象出版社

地　　址：北京市海淀区中关村南大街46号　　**邮政编码**：100081

电　　话：010-68407112（总编室）　010-68408042（发行部）

网　　址：http://www.qxcbs.com　　**E-mail**：qxcbs@cma.gov.cn

责任编辑：张　媛　　**终　　审**：张　斌

责任校对：张硕杰　　**责任技编**：赵相宁

封面设计：艺点设计

印　　刷：北京地大彩印有限公司

开　　本：787 mm×1092 mm　1/16　　**印　　张**：4.25

字　　数：108千字

版　　次：2024年7月第1版　　**印　　次**：2024年7月第1次印刷

定　　价：40.00元

《广西气候变化监测报告(1961—2020 年)》
编委会

前言

联合国政府间气候变化专门委员会发布的第六次评估报告第一工作组报告《气候变化 2021：自然科学基础》指出，自 19 世纪中叶以来，全球地表平均温度[①]已上升约 1 ℃，且预计至 2050 年前，全球升温仍将持续。《中国气候变化蓝皮书 2021》也指出，2020 年亚洲地表平均气温偏高 1.06 ℃，是 1901 年以来的最高值。全球气候变暖毋容置疑，气候变化已经对全球自然生态系统和经济社会产生了广泛和深远的影响，气候变化带来的影响和风险，成为国际社会面临的共同重大挑战。2020 年 9 月，中国提出了"努力 2030 年前实现碳达峰、力争 2060 年前实现碳中和"的目标，是推动我国实现可持续发展、高质量发展的要求，也体现了我国积极推动构建人类命运共同体的大国担当。

广西区域近 60 年来也经历着同样的气候变暖，2021 年广西年平均气温 21.6 ℃，是 1961 年有完整气象观测记录以来最暖的一年，刷新了 2015 年 21.5 ℃的最高纪录。高温、干旱、强降水等极端天气气候事件频次和程度趋于增加。气候变化对广西的生态环境和生物多样性、水资源安全、粮食生产安全、人体健康等构成不同程度的威胁，给生态安全和生态建设带来一系列问题，应对气候变化风险挑战和实现"双碳"（碳达峰、碳中和）目标的任务艰巨。

科学掌握气候规律，有效降低气候灾害风险，合理利用气候资源是科学应对气候变化的基础。多年来，广西壮族自治区气候中心持续加强气候变化监测预警和影响评估工作，继 2017 年出版《广西气候变化监测报告（1961—2015 年）》后，利用长序列气象、生态观测数据和卫星遥感资料编制了《广西气候变化监测报告（1961—2020 年）》并予以出版，以满足社会各界应对气候变化工作的需求。

作者

2023 年 10 月

① 全球地表平均温度，指陆地表面 2 m 气温和海洋表面温度的平均值；全球地表平均气温，指全球陆地表面平均气温。

目录

摘要

全球变暖趋势仍在持续，广西气候在全球变暖背景下也发生了明显变化。

1961—2020 年，广西地表年平均气温呈显著升高趋势，升温速率为0.15 ℃/(10 a)；四季平均气温均显著升高，其中冬季升温速率最高；桂北、桂中、桂南和 14 个主要城市年平均气温均呈明显升高趋势，桂北升温速率最大。广西上空对流层低层气温呈显著升高趋势。年平均最高气温、年平均最低气温、年极端最低气温显著升高。年高温日数、年热夜日数、极端高温事件发生频次显著增多，年低温日数显著减少。

1961—2020 年，广西降水量的年值、汛期值、四季值均无明显长期变化趋势，各区域和 14 个主要城市的年降水量也无明显长期变化趋势，年际和年代际变化特征明显。广西年暴雨日数和极端强降水频次呈显著增加趋势，增加速率分别为 0.2 d/(10 a)和 0.7 站日/(10 a)。

1961—2020 年，广西空气相对湿度、平均风速、日照时数均呈显著减小趋势。广西日平均气温≥10 ℃的年活动积温呈显著增多趋势，增加速率为 125 ℃ · d/(10 a)。

1961—2020 年，影响广西的热带气旋个数呈显著减少趋势，减少速率为 0.4 个/(10 a)。进入 21 世纪，影响广西的热带气旋个数的极端性加强，2004 年无热带气旋影响，而 2013 年影响个数达 8 个；影响广西的热带气旋强度呈不显著的增加趋势，年代际波动变化明显，共出现 3 个超强台风，其中有 2 个出现在 21 世纪 10 年代。

1961—2020 年，广西重旱以上日数、干旱受灾面积长期变化趋势不明显，具有较明显的年代际波动变化特征。

1961—2020 年，广西 0 cm 和 10 cm 深度年平均地温呈显著上升趋势，增加速率分别为 0.12 ℃/(10 a)和 0.10 ℃/(10 a)。1981—2020 年，广西 40 cm 深度年平均地温也呈显著上升趋势，平均每 10 年升高 0.13 ℃。1994—2020 年百色站

10 cm 和 30 cm 深度的土壤相对湿度均无显著变化趋势,50 cm 深度土壤相对湿度呈显著下降趋势。

1961—2020 年,北部湾海域海表温度呈现显著上升趋势,上升速率为 0.10 ℃/(10 a)。2000—2020 年,广西沿海海平面整体呈偏高状态;2006—2020 年海平面高度的升高速率为 2.9 mm/a。

1983—2020 年,桂林雁山站苦楝树的春季开花盛期显著提前、秋季落叶始期呈显著推迟的变化趋势。柳州站家燕始见期、绝见期呈显著推迟的变化趋势。2000—2020 年,广西石漠化区秋季植被指数呈波动增加趋势,植被覆盖增加。

1994—2020 年,广西因气象灾害造成的直接经济损失和死亡人口均呈减少趋势。这体现了广西防灾减灾措施力度加强,防灾能力稳步提高。

第 1 章
大　气

1.1　气温

1.1.1　地表气温

(1)年平均气温

1961—2020 年,广西地表年平均气温呈显著上升趋势(图 1.1),升温速率为 0.15 ℃/(10 a),略低于华南地区同期的升温速率(0.17 ℃/(10 a)),远低于全国平均升温速率(0.26 ℃/(10 a))(1951—2020 年)(中国气象局气候变化中心,2021)。1961—2020 年(60 年),广西地表年平均气温在升温过程中也呈现年际和年代际变化,在 20 世纪 90 年代中期前变化相对稳定,属于偏冷时期;20 世纪 90

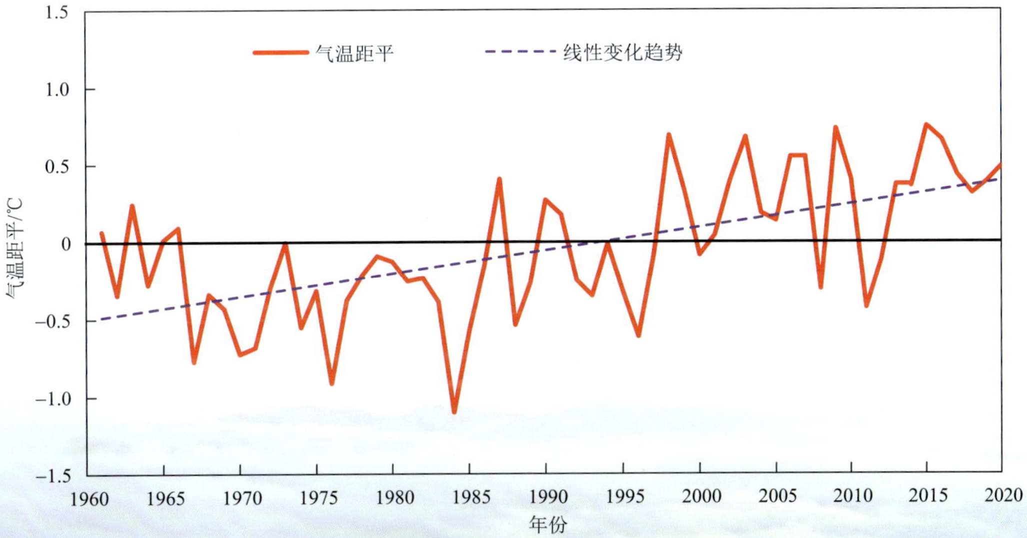

图 1.1　1961—2020 年广西地表年平均气温距平变化

年代中期后则属于偏暖时期，升温显著，1995—2020 年的平均气温比 1961—1994 年的平均气温增加了 0.6 ℃，1994 年后仅 1996 年较常年值为偏低超过 0.5 ℃的年份。60 年间，1984 年为年平均气温最低的年份，较常年值偏低 1.1 ℃；2015 年则为 60 年最暖的年份，广西地表平均气温为 21.5 ℃，较常年值偏高0.8 ℃；2020 年，广西地表平均气温为 21.2 ℃，较常年值偏高 0.5 ℃。

(2)季节平均气温

1961—2020 年广西春、夏、秋和冬四季平均气温均呈显著上升趋势，升温速率分别为 0.14 ℃/(10 a)、0.10 ℃/(10 a)、0.17 ℃/(10 a)和 0.20 ℃/(10 a)，冬季是升温速率最高的季节，秋、冬两季升温速率均高于相同时段年升温速率(图 1.2～图 1.5)。四季平均气温也呈明显的年际变化，且在 20 世纪 90 年代中后期开始出现明显增温。60 年间，春、夏、秋、冬各季节平均最高气温分别出现在 2018 年、2016 年、2006 年、1986 年，平均最低气温分别出现在 1996 年、1974 年、1976 年、1983 年。2020 年广西春季平均气温为 21.4 ℃，较常年值偏高 0.6 ℃；夏季平均气温为 28.1 ℃，较常年值偏高 0.6 ℃，偏暖程度居 1961 年以来第三位；秋季平均气温 21.7 ℃，较常年值偏低 0.2 ℃；冬季平均气温 13.3 ℃，较常年值偏高 0.8 ℃。

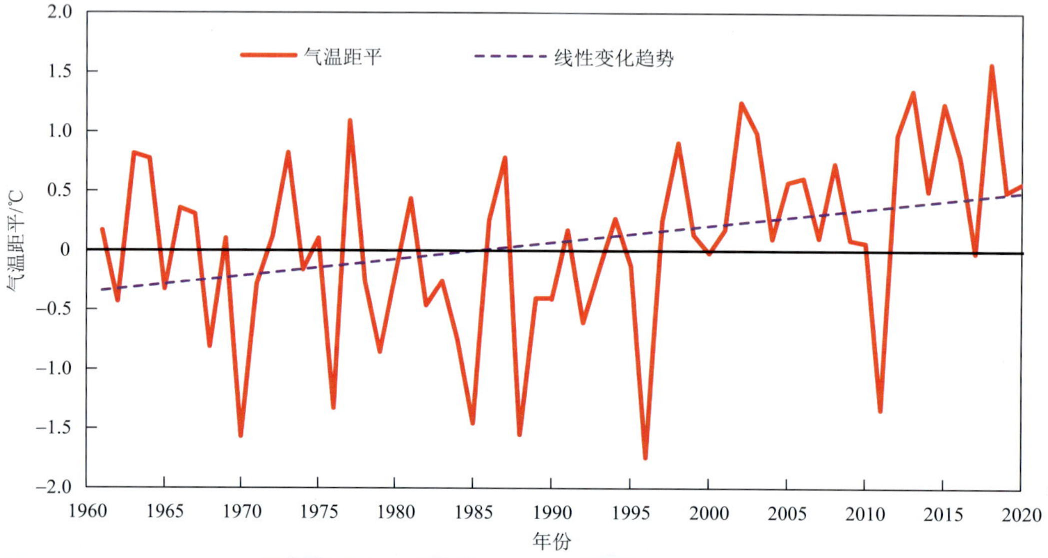

图 1.2　1961—2020 年广西春季平均气温距平变化

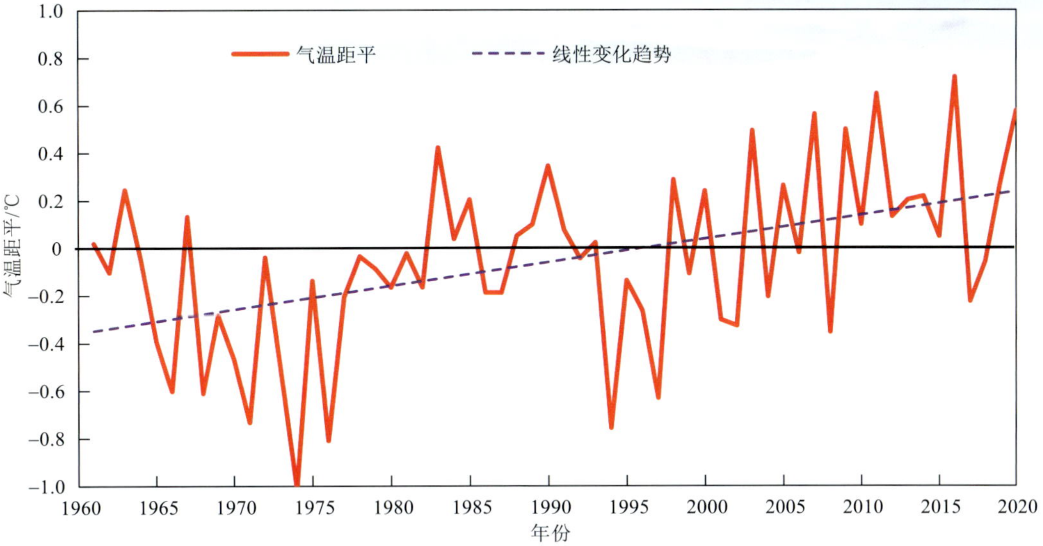

图 1.3　1961—2020 年广西夏季平均气温距平变化

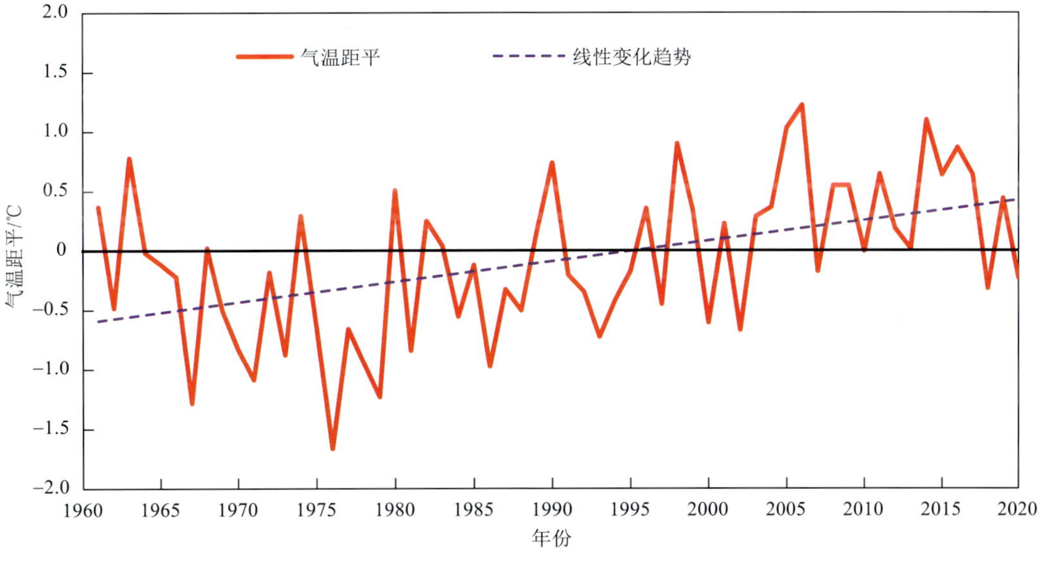

图 1.4　1961—2020 年广西秋季平均气温距平变化

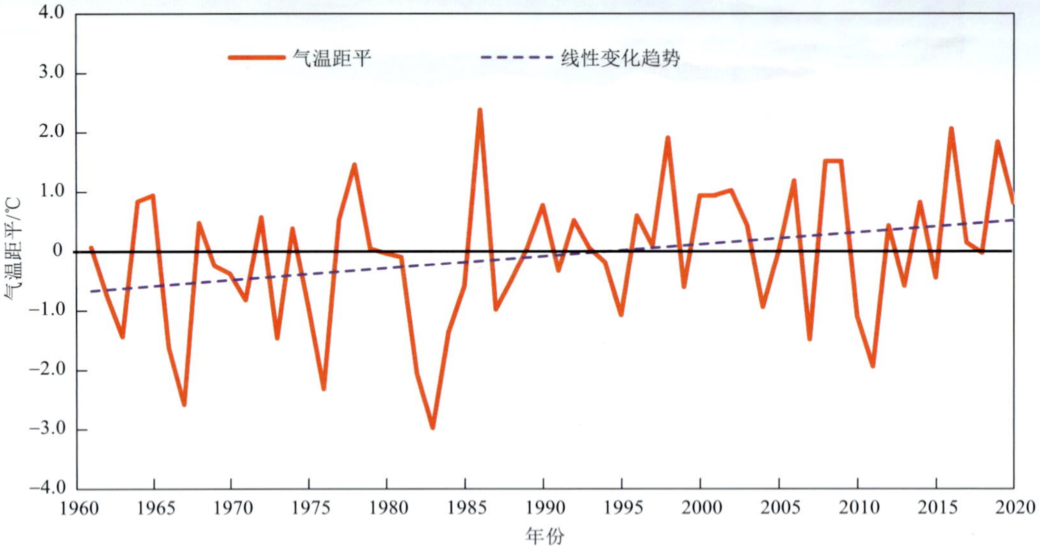

图 1.5 1961—2020 年广西冬季平均气温距平变化

(3)区域平均气温

1961—2020 年,桂北、桂中、桂南年平均气温呈显著上升趋势(图 1.6～图 1.8),其中,桂北升温速率最大,平均每 10 年升高 0.16 ℃;桂中和桂南的升温速率分别为 0.14 ℃/(10 a)和 0.15 ℃/(10 a)。60 年间,各区域同样表现出与广西全区一致的升温变化,在 20 世纪 90 年代中期后升温明显。60 年间,桂北、桂

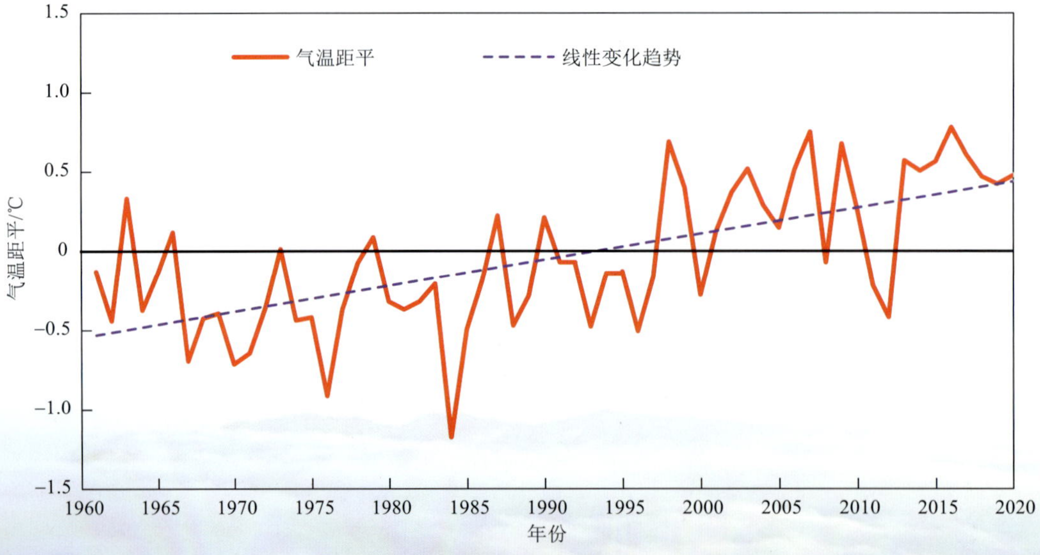

图 1.6 1961—2020 年桂北年平均气温距平变化

中、桂南最暖年份分别出现在 2016 年、2015 年、1998 年，较常年值均偏高 0.8 ℃；最冷年份均出现在 1984 年，较常年值分别偏低 1.2 ℃、1.1 ℃、1.1 ℃。2020 年，桂北、桂中、桂南年平均气温分别为 19.4 ℃、21.0 ℃、22.8 ℃，均高于常年值，其中桂南偏高 0.6 ℃，桂北和桂中分别偏高 0.5 ℃和 0.4 ℃。

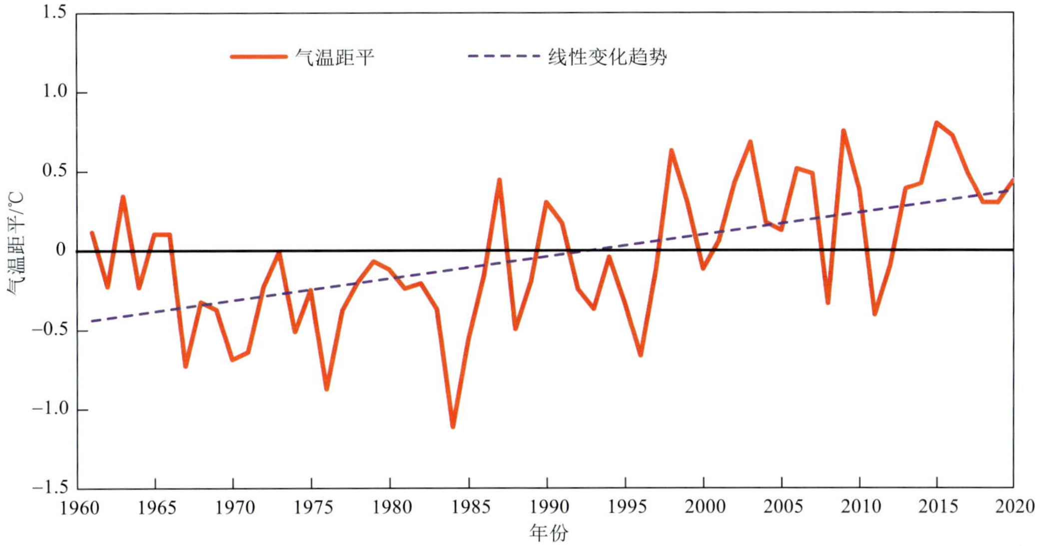

图 1.7　1961—2020 年桂中年平均气温距平变化

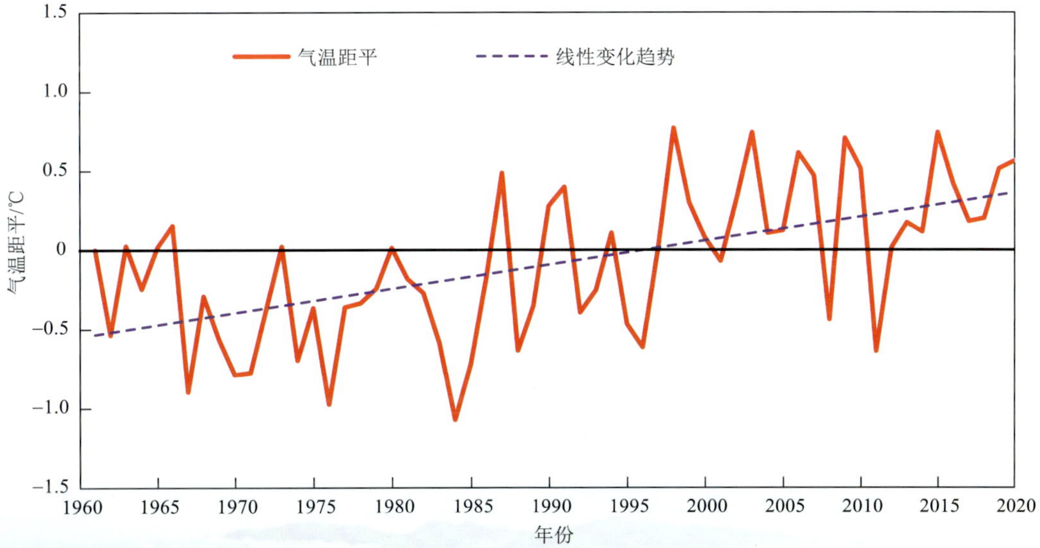

图 1.8　1961—2020 年桂南年平均气温距平变化

(4)城市年平均气温

1961—2020 年，广西 14 个主要城市年平均气温均呈明显升高趋势(图 1.9～

图1.22),升温速率在平均每10年增加0.05~0.31 ℃的范围中。值得注意的是,防城港、桂林、钦州、北海、玉林、贵港、来宾7市的升温速率均高于广西全区平均的升温速率,梧州、崇左与广西全区平均的升温速率持平,说明城市化的升温更明显。从历年平均气温的变化曲线看,各城市都表现为20世纪80年代后期到90年代初开始增温明显,与广西各主要城市建设发展开始时期一致。

1961—2020年,南宁年平均气温升温速率为0.05 ℃/(10 a),但不显著(图1.9)。60年间,南宁年平均气温最高的是1998年,达23.1 ℃,较常年值偏高1.2 ℃;最低的是2011年,只有20.7 ℃,较常年值偏低1.2 ℃。南宁在1961—1998年的升温速率为0.20 ℃/(10 a),升温显著,因受迁站后观测环境改变的影响,1999年后年平均气温升温变化趋缓。2020年南宁年平均气温为22.2 ℃,较常年值偏高0.3 ℃。

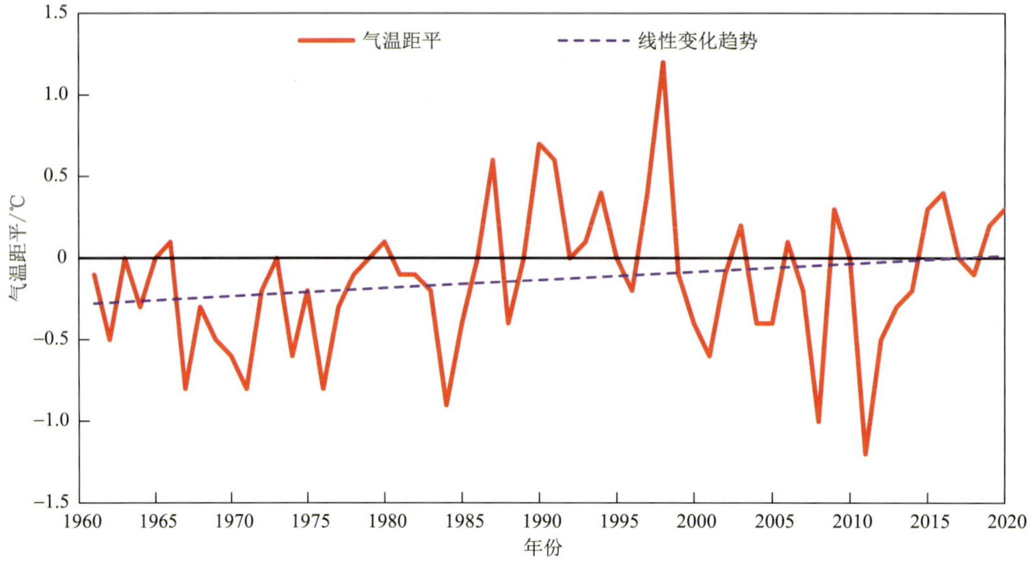

图1.9 1961—2020年南宁年平均气温距平变化

1961—2020年,柳州年平均气温呈显著上升趋势(图1.10),升温速率为0.13 ℃/(10 a)。60年间,柳州年平均气温最高的是2009年、2016年,达22.0 ℃,较常年值偏高1.0 ℃;最低的是1984年,只有19.8 ℃,较常年值偏低1.2 ℃。柳州2018年之后的气温明显下降,这是因受迁站后观测环境改变的影响。1961—2017年,柳州的升温速率为0.21 ℃/(10 a),与60年的升温速率相差较大,反映了城市化影响的升温效应。2020年柳州年平均气温为19.9 ℃,较常年值偏低1.1 ℃。

1961—2020年,桂林年平均气温呈显著上升趋势(图1.11),升温速率为0.24 ℃/(10 a)。60年间,桂林年平均气温最高的是2016年,达20.4 ℃,较常年值偏

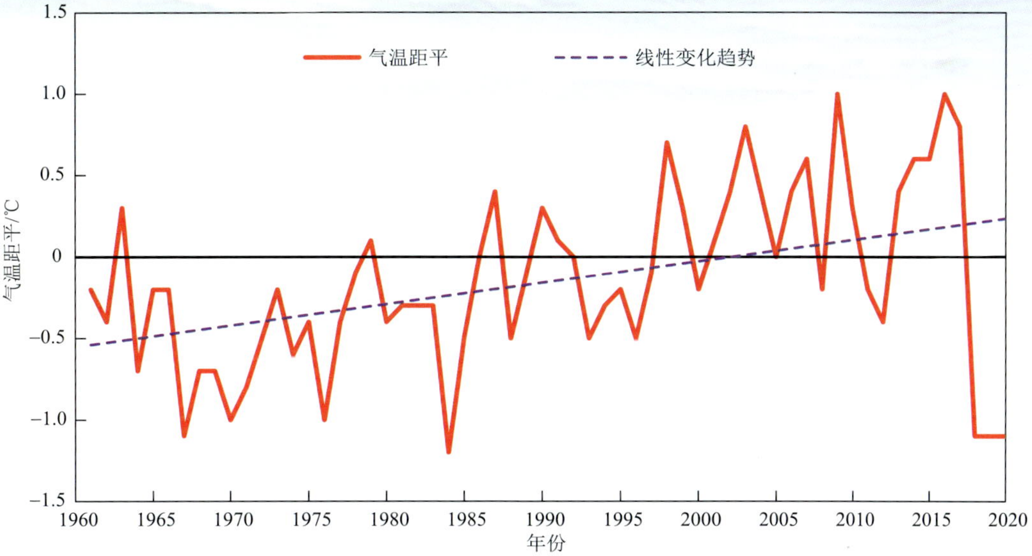

图 1.10　1961—2020 年柳州年平均气温距平变化

高 1.2 ℃；最低的是 1984 年，只有 18.0 ℃，较常年值偏低 1.2 ℃。2020 年桂林年平均气温为 20.2 ℃，较常年值偏高 1.0 ℃。

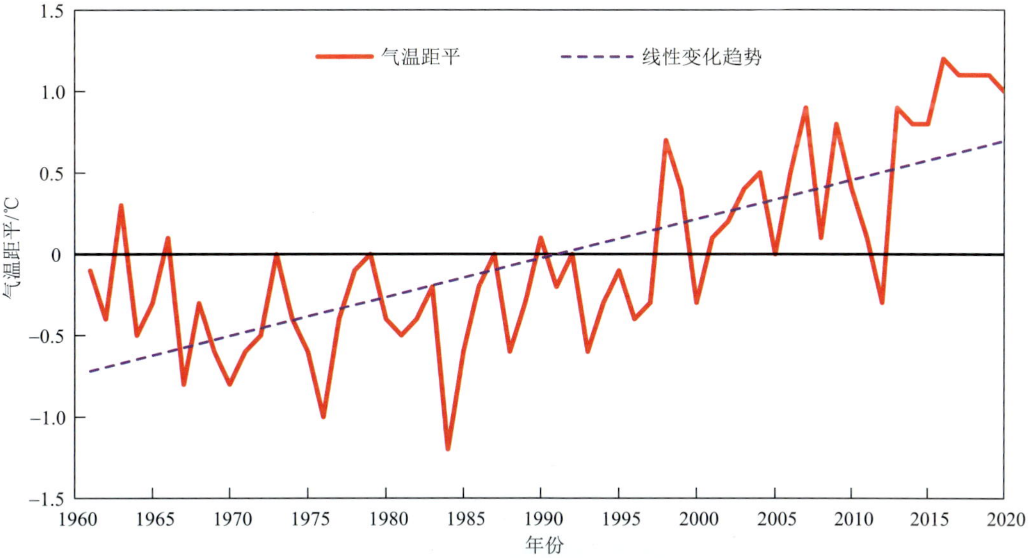

图 1.11　1961—2020 年桂林年平均气温距平变化

1961—2020 年，梧州年平均气温呈显著上升趋势（图 1.12），升温速率为 0.15 ℃/(10 a)。60 年间，梧州年平均气温最高的是 2020 年，达 22.4 ℃，较常年值偏高 1.1 ℃；最低的是 1984 年，只有 20.2 ℃，较常年值偏低 1.1 ℃。

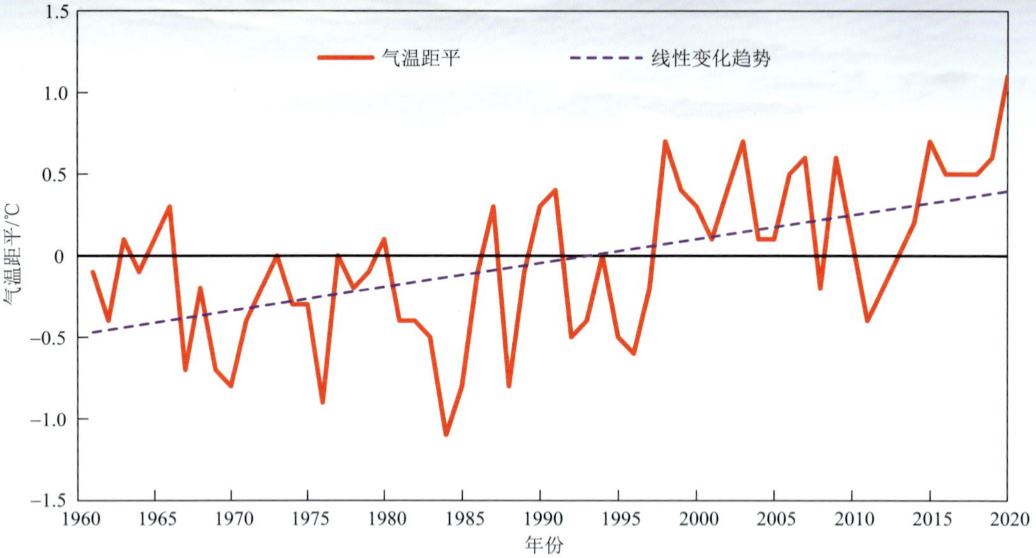

图 1.12　1961—2020 年梧州年平均气温距平变化

1961—2020 年，北海年平均气温呈显著上升趋势(图 1.13)，升温速率为 0.19 ℃/(10 a)。60 年间，北海年平均气温最高的是 2019 年，达 24.5 ℃，较常年值偏高 1.5 ℃；最低的是 1967 年，只有 21.8 ℃，较常年值偏低 1.2 ℃。2020 年北海年平均气温为 24.1 ℃，较常年值偏高 1.1 ℃。

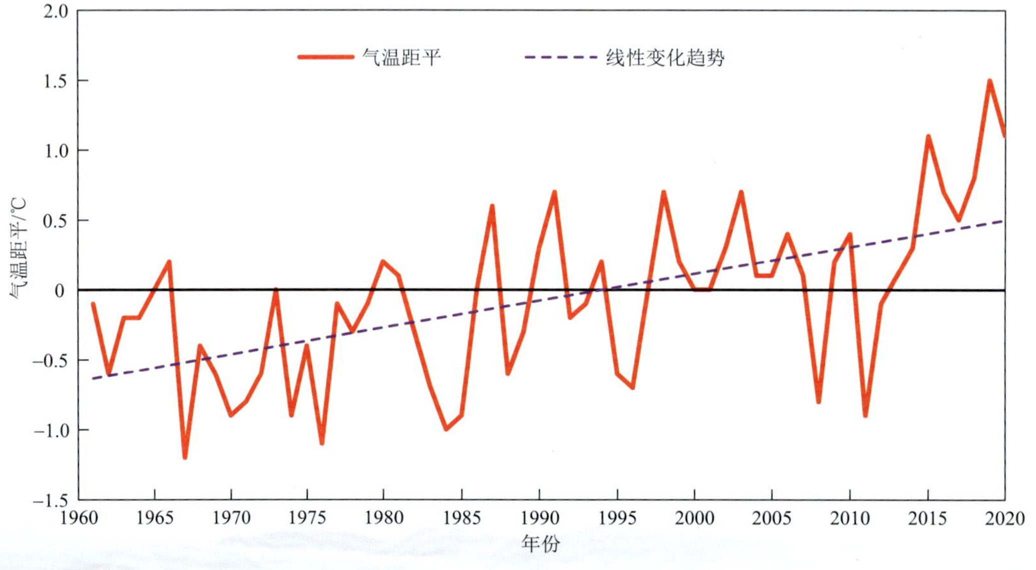

图 1.13　1961—2020 年北海年平均气温距平变化

1982—2020 年，防城港(防城站代表)年平均气温呈显著上升趋势(图 1.14)，升温速率为 0.31 ℃/(10 a)。39 年间，防城港年平均气温最高的是 2020 年，达

23.1 ℃,较常年值偏高 1.0 ℃;最低的是 1984 年,只有 21.1 ℃,较常年值偏低 1.0 ℃。

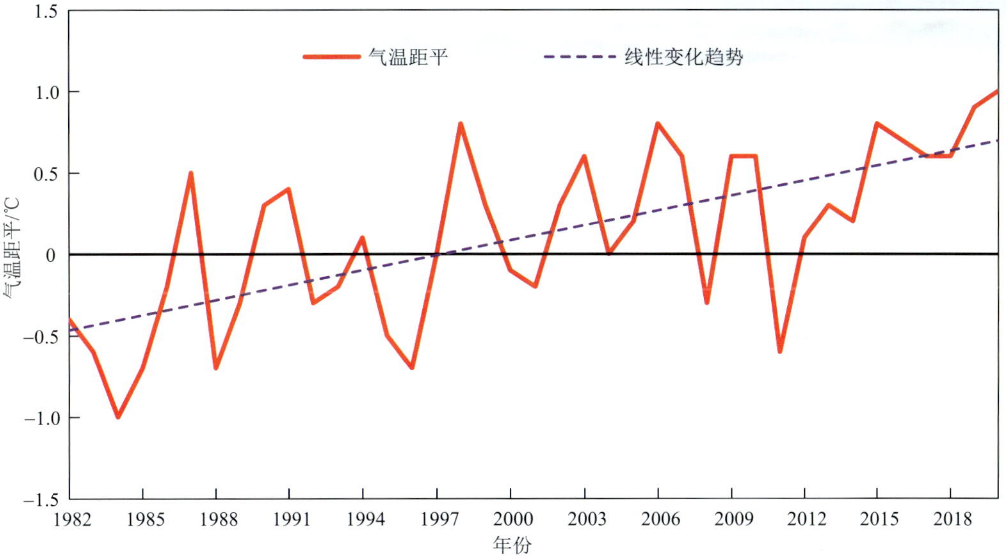

图 1.14　1982—2020 年防城港年平均气温距平变化

1961—2020 年,钦州年平均气温呈显著上升趋势(图 1.15),升温速率为 0.23 ℃/(10 a)。60 年间,钦州年平均气温最高的是 2015 年,达 23.9 ℃,较常年值偏高 1.3 ℃;最低的是 1967 年、1976 年、1984 年,只有 21.3 ℃,较常年值偏低 1.3 ℃。2020 年钦州年平均气温为 22.9 ℃,较常年值偏高 0.3 ℃。

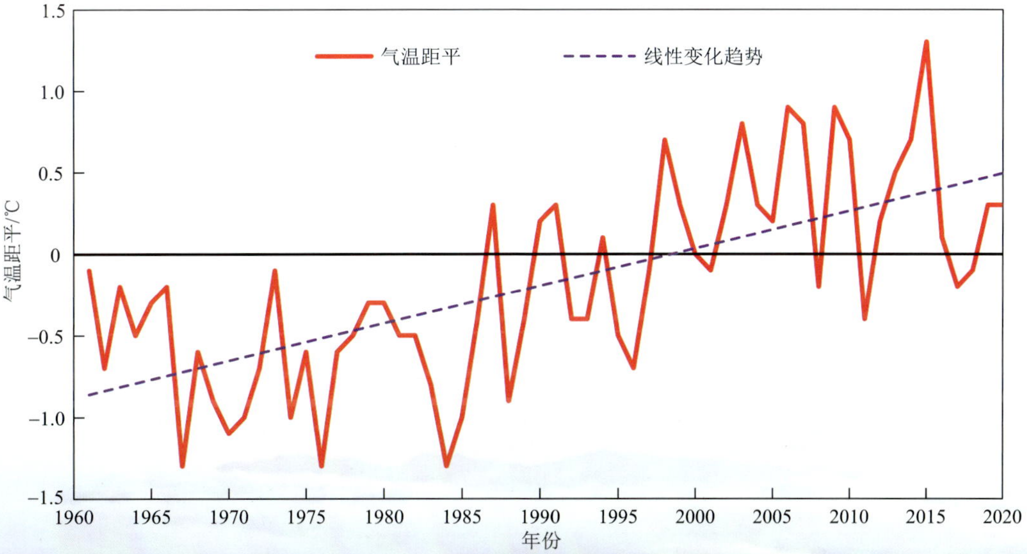

图 1.15　1961—2020 年钦州年平均气温距平变化

1961—2020 年,贵港年平均气温呈显著上升趋势(图 1.16),升温速率为 0.18 ℃/(10 a)。60 年间,贵港年平均气温最高的是 2015 年、2016 年,达 22.8 ℃,较常年值偏高 1.0 ℃;最低的是 1984 年,只有 20.6 ℃,较常年值偏低 1.2 ℃。2020 年贵港年平均气温为 22.6 ℃,较常年值偏高 0.8 ℃。

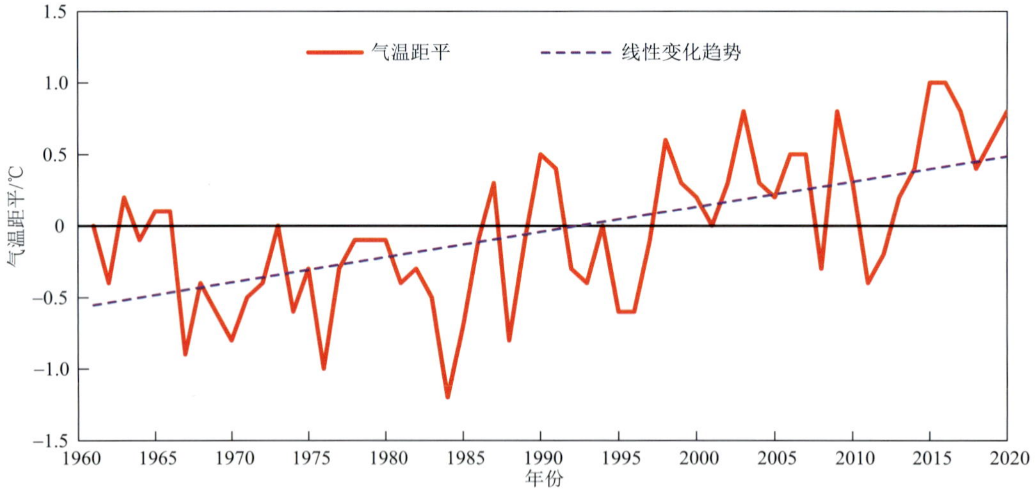

图 1.16 1961—2020 年贵港年平均气温距平变化

1961—2020 年,玉林年平均气温呈显著上升趋势(图 1.17),升温速率为 0.19 ℃/(10 a)。60 年间,玉林年平均气温最高的是 2006 年、2007 年、2009 年,达 23.1 ℃,较常年值偏高 0.9 ℃;最低的是 1984 年,只有 21.0 ℃,较常年值偏低 1.2 ℃。2020 年玉林年平均气温为 22.9 ℃,较常年值偏高 0.7 ℃。

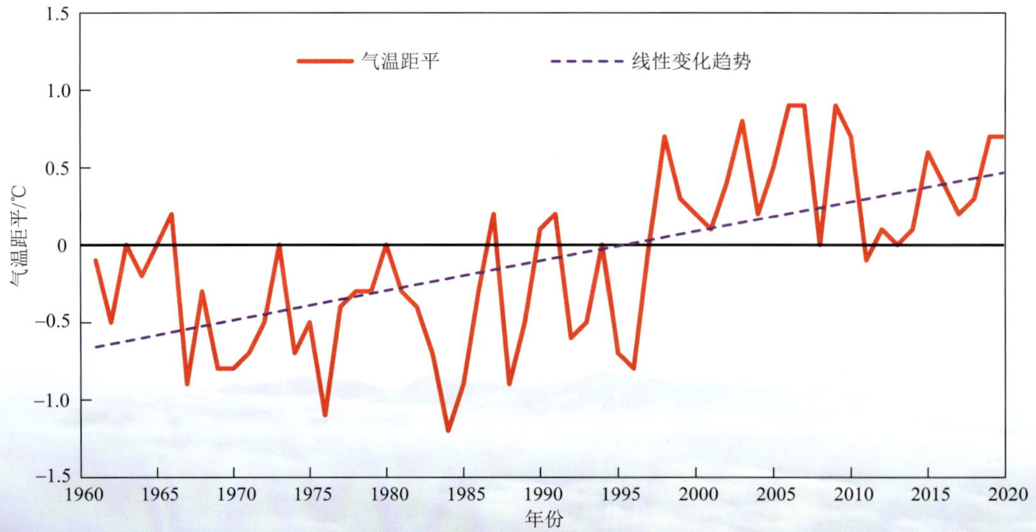

图 1.17 1961—2020 年玉林年平均气温距平变化

1961—2020 年，百色年平均气温呈显著上升趋势(图 1.18)，升温速率为 0.08 ℃/(10 a)。60 年间，百色年平均气温最高的是 1987 年、2003 年，达 22.9 ℃，较常年值偏高 0.8 ℃；最低的是 1984 年，只有 21.3 ℃，较常年值偏低 0.8 ℃。2020 年百色年平均气温为 22.8 ℃，较常年值偏高 0.7 ℃。

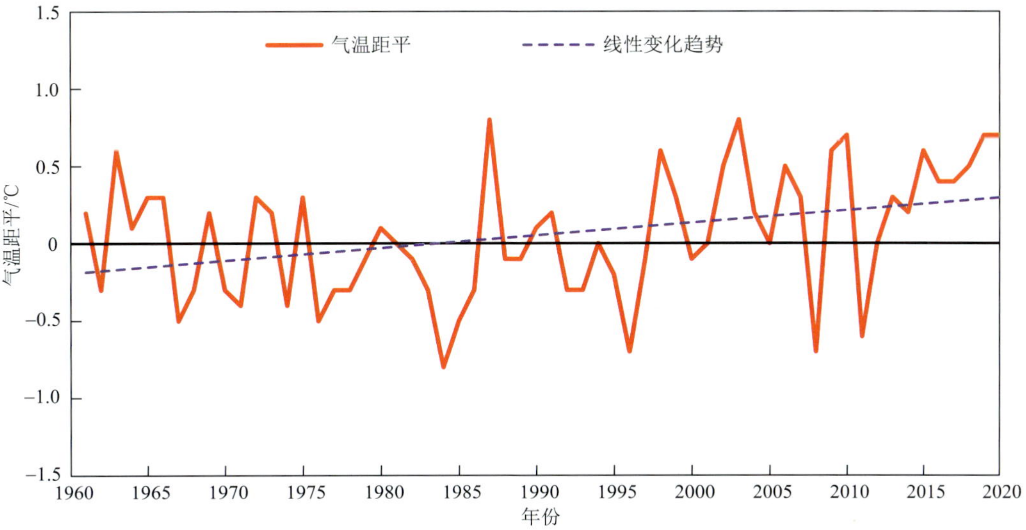

图 1.18　1961—2020 年百色年平均气温距平变化

1961—2020 年，贺州年平均气温呈显著上升趋势(图 1.19)，升温速率为 0.13 ℃/(10 a)。60 年间，贺州年平均气温最高的是 2007 年，达 21.3 ℃，较常年值偏高 1.1 ℃；最低的是 1984 年，只有 18.8 ℃，较常年值偏低 1.4 ℃。2020 年贺州年平均气温为 20.8 ℃，较常年值偏高 0.6 ℃。

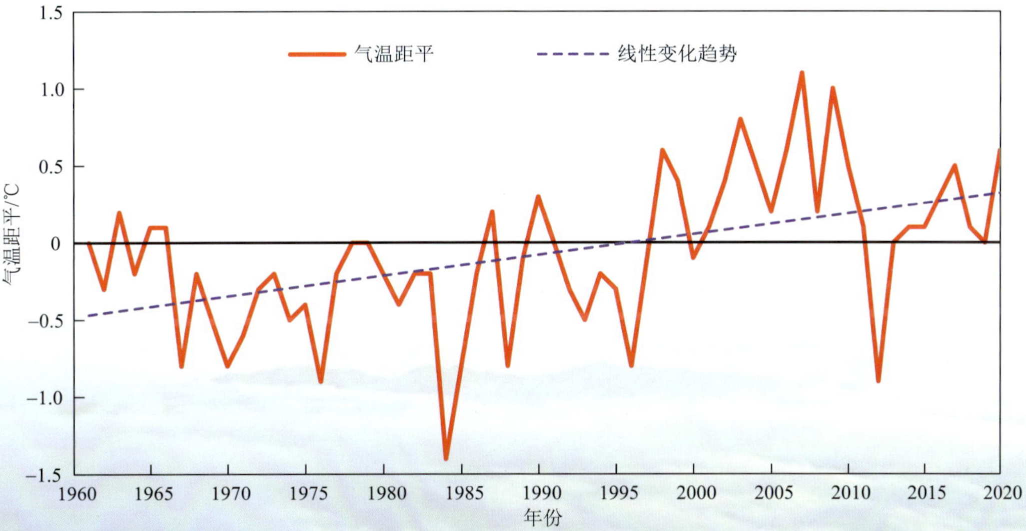

图 1.19　1961—2020 年贺州年平均气温距平变化

1961—2020 年，河池年平均气温呈显著上升趋势(图 1.20)，升温速率为 0.11 ℃/(10 a)。60 年间，河池年平均气温最高的是 2003 年，达 21.8 ℃，较常年值偏高 1.0 ℃；最低的是 1984 年，只有 19.6 ℃，较常年值偏低 1.2 ℃。2020 年河池年平均气温为 20.8 ℃，与常年值相同。

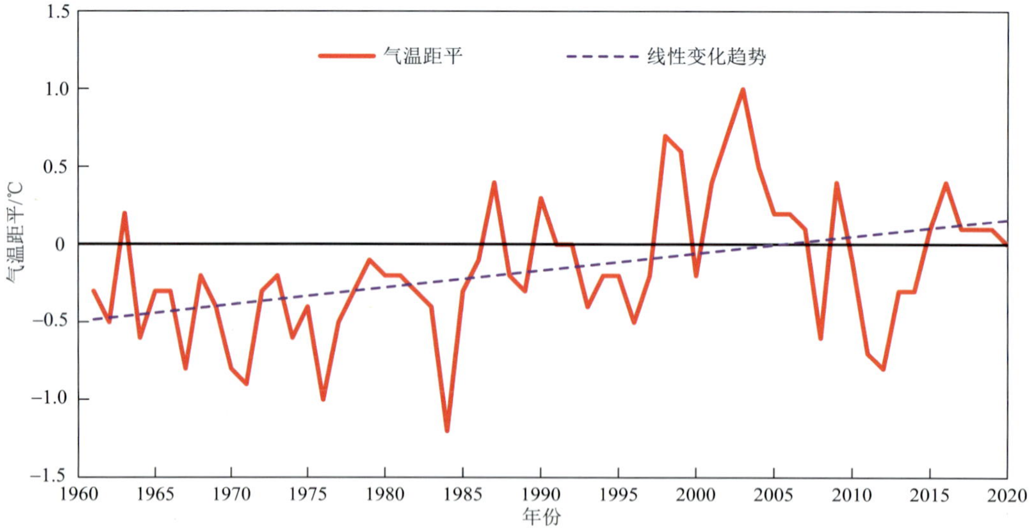

图 1.20　1961—2020 年河池年平均气温距平变化

1961—2020 年，来宾年平均气温呈显著上升趋势(图 1.21)，升温速率为 0.16 ℃/(10 a)。60 年间，来宾年平均气温最高的是 2015 年，达 22.2 ℃，较常年值偏高 1.2 ℃；最低的是 1984 年，只有 19.7 ℃，较常年值偏低 1.3 ℃。2020 年来宾年平均气温为 21.5 ℃，较常年值偏高 0.5 ℃。

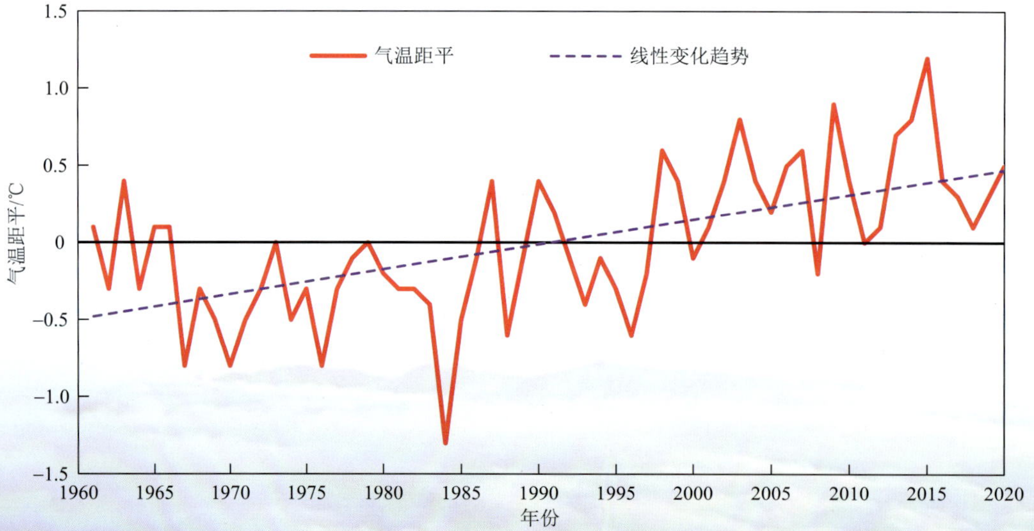

图 1.21　1961—2020 年来宾年平均气温距平变化

1961—2020 年，崇左年平均气温呈显著上升趋势(图 1.22)，升温速率为 0.15 ℃/(10 a)。60 年间，崇左年平均气温最高的是 2015 年，达 24.1 ℃，较常年值偏高 1.3 ℃；最低的是 1967 年、1984 年，只有 21.7 ℃，较常年值偏低 1.1 ℃。2020 年崇左年平均气温为 22.8 ℃，与常年值一致。

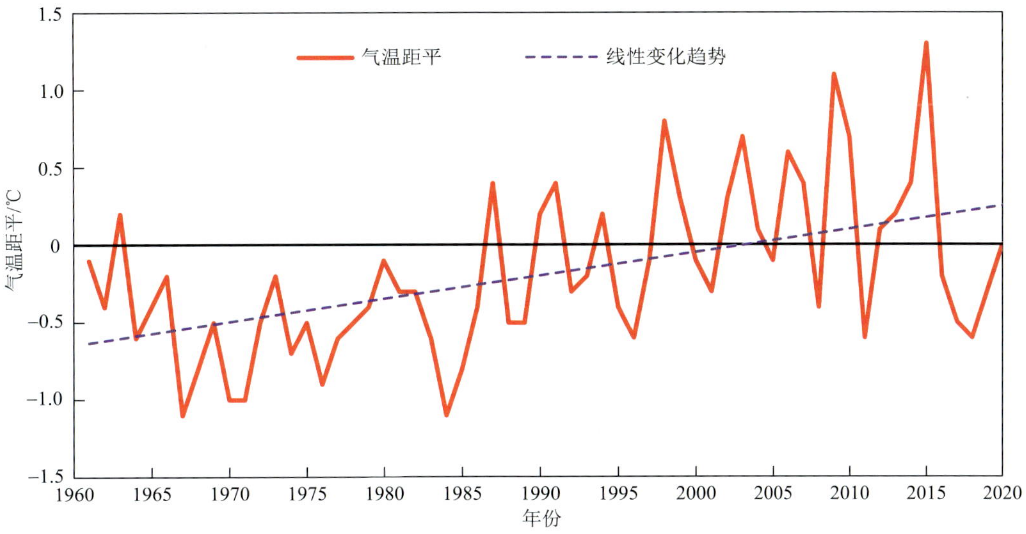

图 1.22　1961—2020 年崇左年平均气温距平变化

1.1.2　高空大气温度

1961—2020 年，广西上空对流层低层(850 hPa)年平均气温呈显著上升趋势(图 1.23)，与中国上空对流层低层的大气温度变化趋势一致，升温速率为 0.12 ℃/(10 a)，低于中国同期升温速率(0.18 ℃/(10 a))，也低于广西地表年平均气温的升温速率(0.15 ℃/(10 a))。20 世纪 90 年代中期以前为偏冷时期，90 年代中期以后为偏暖时期，1997—2020 年广西上空对流层低层平均气温为 14.8 ℃，比 1961—1996 年平均气温(14.3 ℃)增加了 0.5 ℃。60 年间，广西上空对流层低层年平均气温最高值出现在 1998 年，比常年值偏高 0.9 ℃；而最低值出现在 1968 年，比常年值偏低 1.1 ℃。2020 年，广西上空对流层低层平均气温接近常年值。

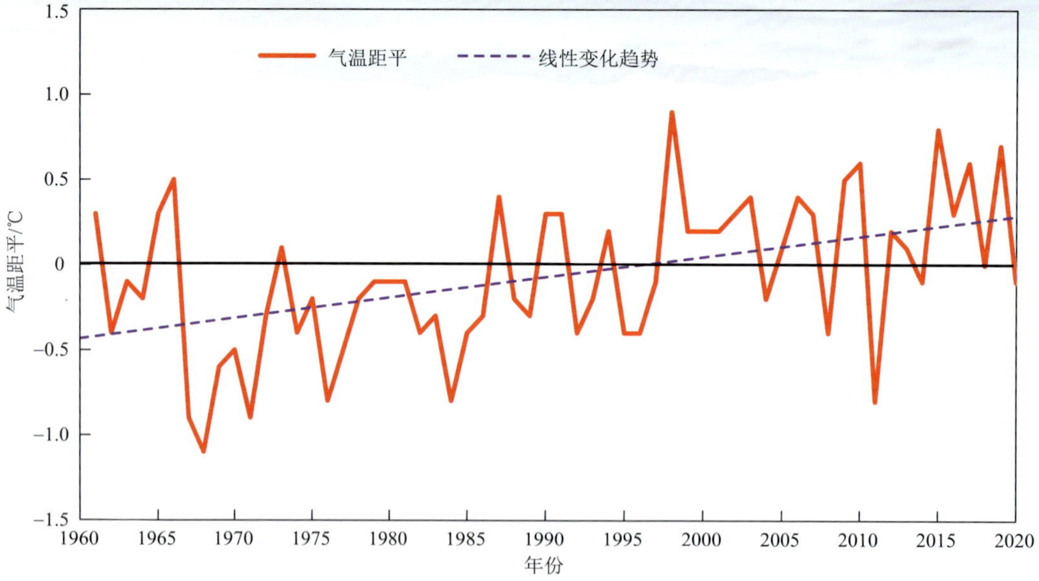

图 1.23 1961—2020 年广西上空对流层低层(850 hPa)年平均气温距平变化

1.2 降水

1.2.1 年降水量

1961—2020 年,广西年降水量无明显长期变化趋势,与华南区域降水量长期变化特征一致;年际和年代际变化明显(图 1.24),其中 20 世纪 60 年代和 80 年代中期至 90 年代前期、21 世纪 00 年代年降水量总体以偏少为主,20 世纪 70 年代至 80 年代前期、20 世纪 90 年代中期至 21 世纪 00 年代初、21 世纪 10 年代总体以偏多为主。60 年间,广西年降水量最多的年份是 1994 年,达 2049.8 mm,较常年值偏多 509.1 mm;年降水量最少的年份是 1963 年,仅 1138.6 mm,较常年值偏少 402.1 mm。20 世纪 90 年代以后,年降水量波动幅度明显增大。1994 年、2015 年和 2008 年是排名前三位的降水量高值年,1963 年、1989 年和 2011 年是排名前三位的降水量低值年。2020 年,广西年降水量为 1630.2 mm,较常年值偏多 89.5 mm。

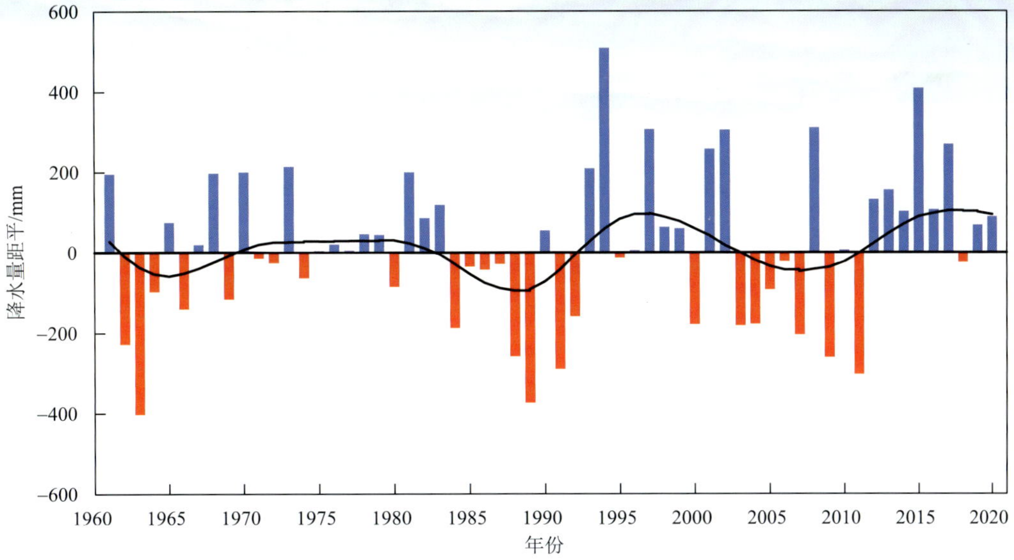

图 1.24 1961—2020 年广西年降水量距平变化

（黑色曲线为低频滤波值，下同）

1.2.2 汛期降水量

1961—2020 年广西汛期降水量无明显长期变化趋势，年际和年代际变化明显（图 1.25），其中 20 世纪 80 年代至 90 年代前期汛期降水量总体以偏少为主，20 世纪 60 年代后期至 70 年代、20 世纪 90 年代中期至 21 世纪 00 年代前期、21 世纪

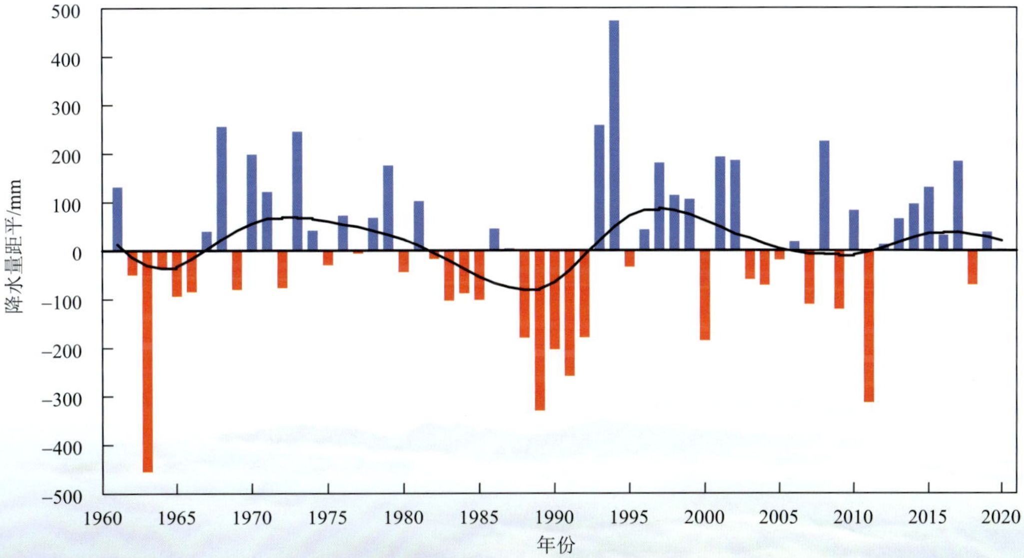

图 1.25 1961—2020 年广西汛期降水量距平变化

10 年代总体以偏多为主。1994 年是汛期降水量最多的年份,达 1672.7 mm,较常年值偏多 474.2 mm,1963 年是汛期降水量最少的年份,仅 744.2 mm,较常年值偏少 454.3 mm。2020 年,广西汛期降水量为 1198.8 mm,接近常年值。

1.2.3 季节降水量

1961—2020 年,广西四季降水量无明显长期变化趋势,各季节年际和年代际变化明显。

广西春季降水偏多时段主要为 20 世纪 60 年代末期至 80 年代中期、20 世纪 90 年代中期至 21 世纪 00 年代初期和 21 世纪 10 年代;降水偏少时段为 20 世纪 60 年代前期、80 年代后期至 90 年代中期、21 世纪 00 年代。降水量最多的年份为 1981 年(645.8 mm),最少的年份为 1963 年(254.4 mm)。2020 年,广西春季降水量为 459.9 mm,较常年值偏多 23.3 mm(图 1.26)。

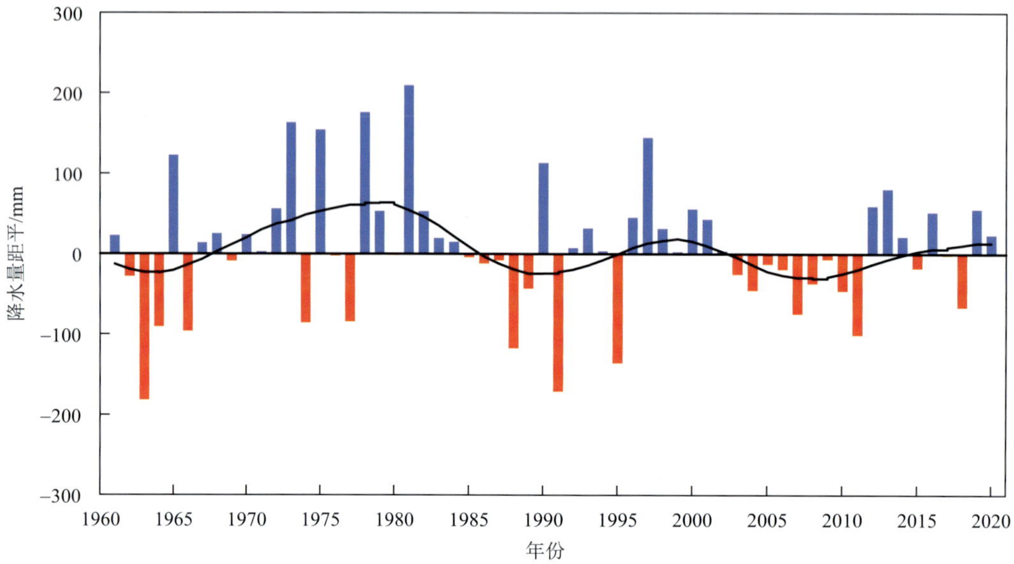

图 1.26　1961—2020 年广西春季降水量距平变化

广西夏季降水偏多时段主要为 1993 年至 21 世纪 00 年代末期;降水偏少时段为 20 世纪 70 年代中后期至 1992 年。降水量最多的年份为 1994 年(1215.7 mm),最少的年份为 1989 年(459.6 mm)。2020 年,广西夏季降水量为 701.0 mm,较常年值偏少 30.2 mm(图 1.27)。

广西秋季降水偏多时段主要为 20 世纪 70 年代中期至 80 年代、21 世纪 00 年代末期至 10 年代;降水偏少时段为 20 世纪 90 年代至 21 世纪 00 年代中期。降水

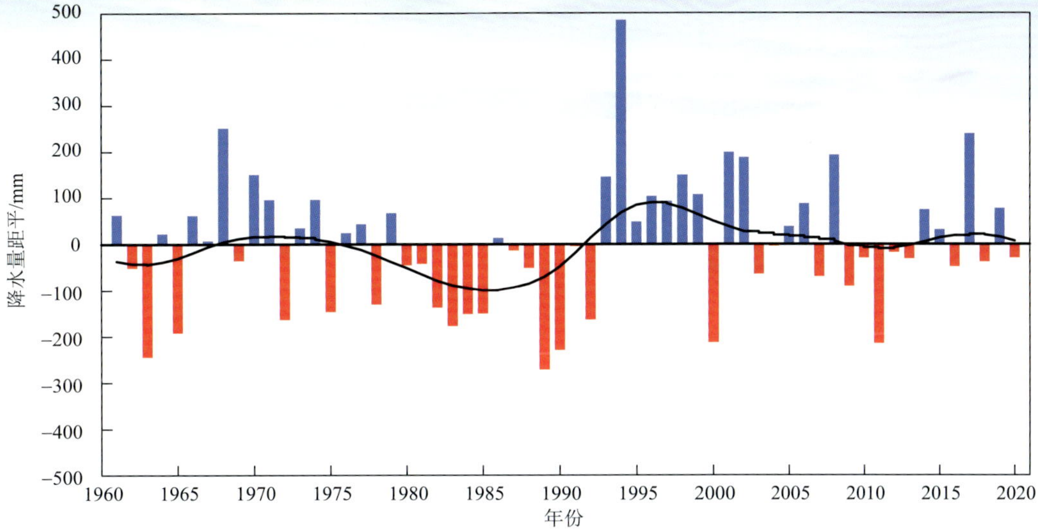

图 1.27　1961—2020 年广西夏季降水量距平变化

量最多的年份为 2015 年(543.3 mm),最少的年份为 2004 年(122.9 mm)。2020 年,广西秋季降水量为 299.6 mm,较常年值偏多 66.8 mm(图 1.28)。

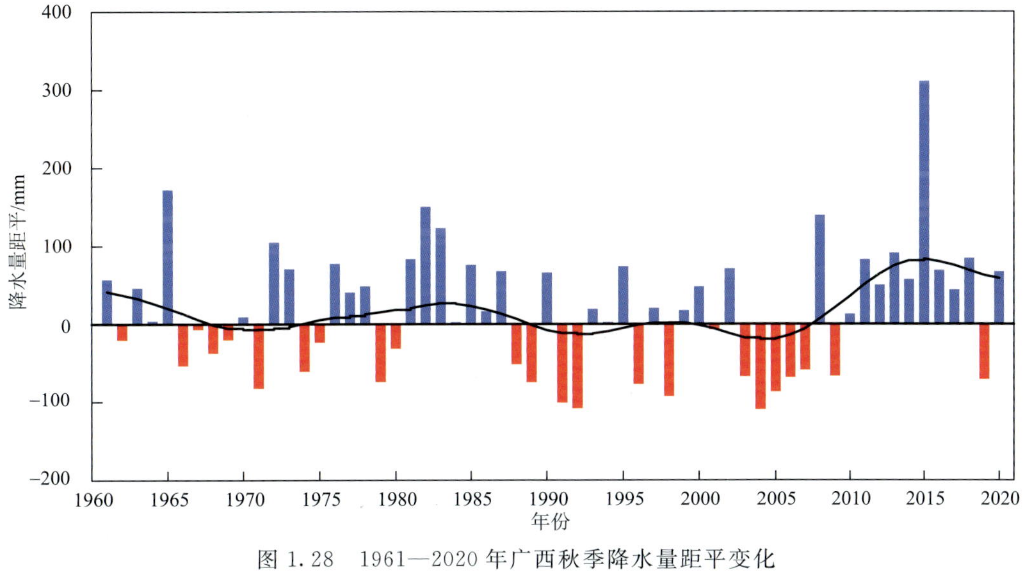

图 1.28　1961—2020 年广西秋季降水量距平变化

广西冬季降水偏多时段主要为 20 世纪 80 年代至 90 年代前期和 21 世纪 10 年代中后期;降水偏少时段为 20 世纪 60 年代至 70 年代、90 年代中期至 21 世纪 00 年代末期。降水量最多的年份为 1982 年(293.3 mm),最少的年份为 2008 年(39.3 mm)。2020 年,广西冬季降水量为 83.3 mm,较常年值偏少 55.6 mm(图 1.29)。

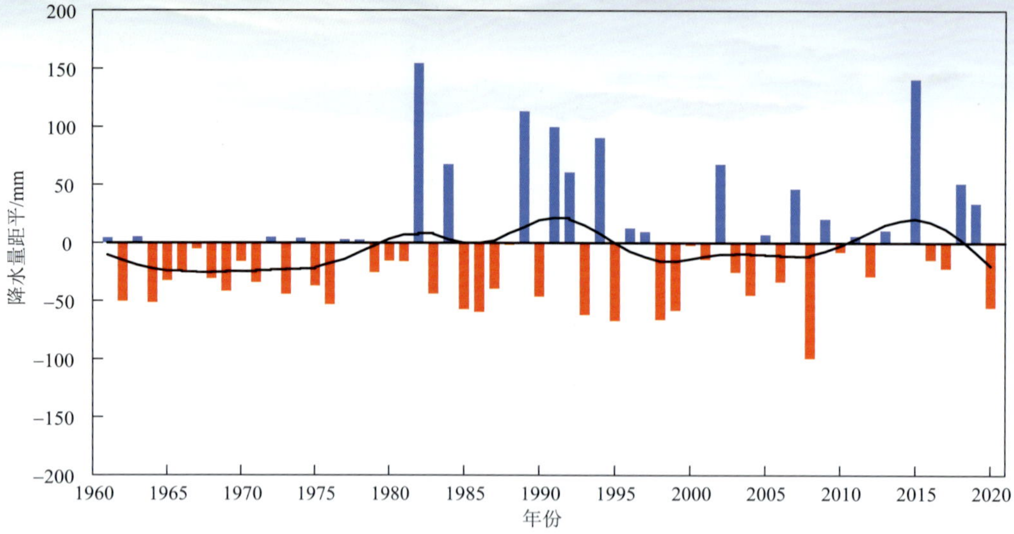

图 1.29　1961—2020 年广西冬季降水量距平变化

1.2.4　区域降水量

1961—2020 年，桂北、桂中、桂南年降水量均无明显的长期变化趋势，各区域年降水量年际和年代际变化明显(图 1.30～图 1.32)。20 世纪 60 年代，桂北、桂南以降水偏少为主，桂中则以降水偏多为主；20 世纪 80 年代中后期，各区域均以降水偏少为主；20 世纪 70 年代、90 年代至 21 世纪 00 年代初期和 21 世纪 10 年代，各区域均以降水偏多为主。总体而言，各区域的年代际波动变化基本相似。

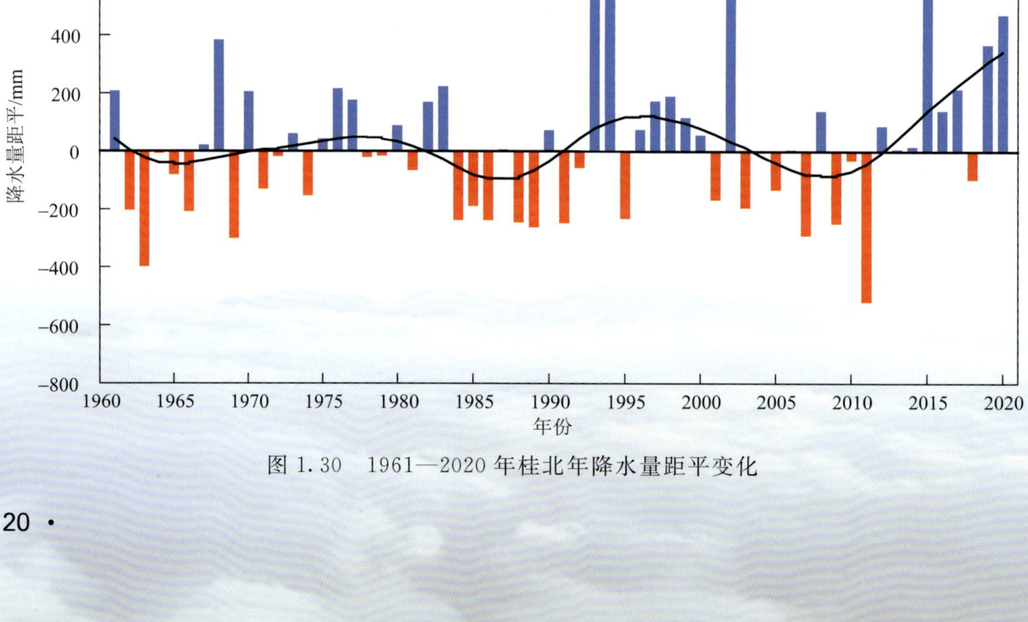

图 1.30　1961—2020 年桂北年降水量距平变化

桂北、桂中、桂南年降水量最多的年份分别为 2015 年（2327.0 mm）、1994 年（1957.9 mm）、2001 年（2254.8 mm）；桂北、桂中、桂南年降水量最少的年份分别为 2011 年（1162.1 mm）、1989 年（1086.9 mm）、1963 年（1148.9 mm）。

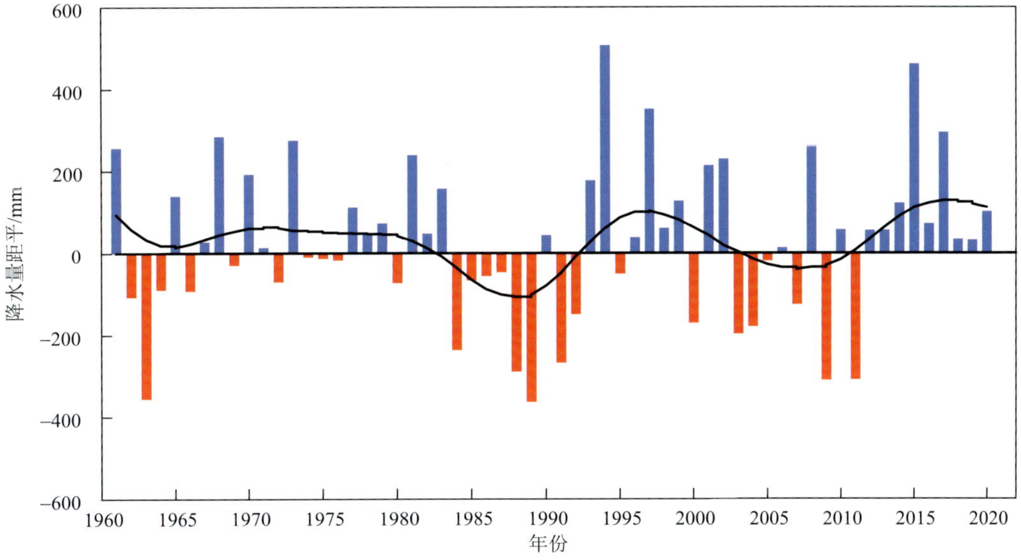

图 1.31　1961—2020 年桂中年降水量距平变化

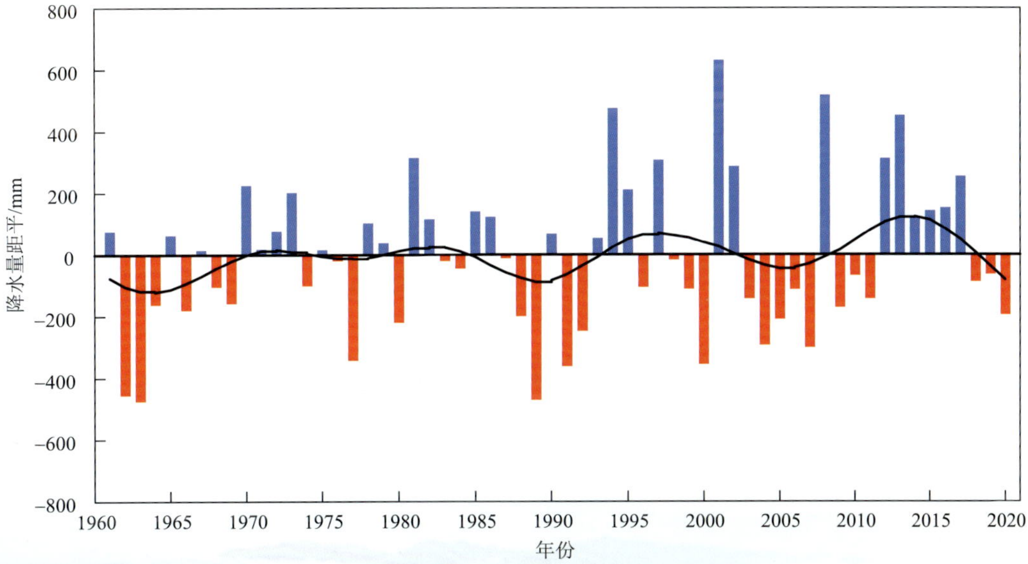

图 1.32　1961—2020 年桂南年降水量距平变化

1.2.5 城市年降水量

1961—2020年,广西14个主要城市的年降水量均无明显的长期变化趋势,年际和年代际波动变化明显,这与同期华南地区及广西全区年降水量的变化特征基本一致。

1961—2020年,南宁年降水量在20世纪90年代以前以偏多为主,20世纪90年代及以后以偏少为主。年际变化明显,60年间,年降水量最多的年份是2001年,达1987.5 mm,较常年值偏多697.8 mm;最少的年份是1989年,仅827.9 mm,较常年值偏少461.8 mm。2020年,南宁年降水量为1110.7 mm,较常年值偏少179.0 mm(图1.33)。

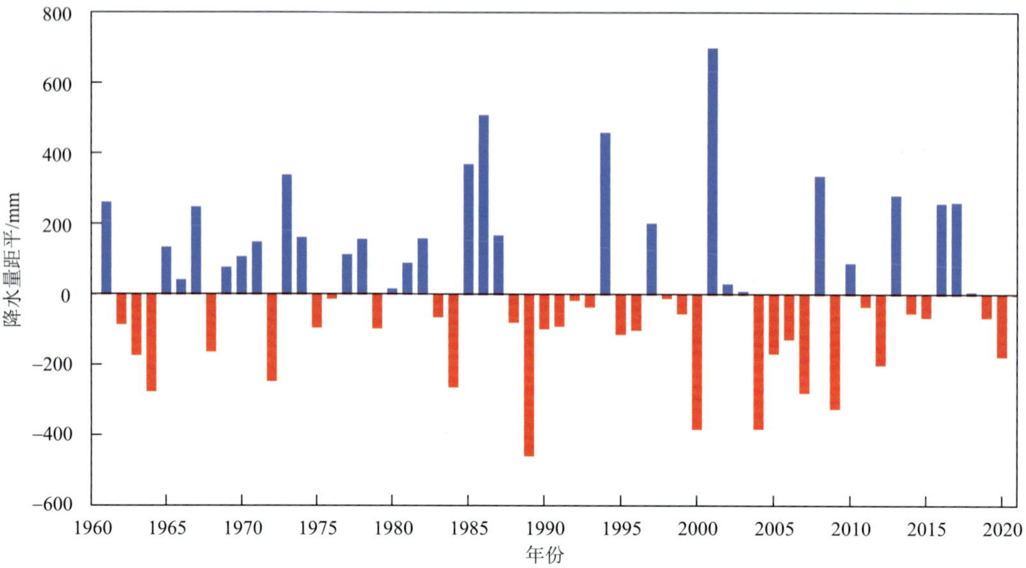

图1.33 1961—2020年南宁年降水量距平变化

1961—2020年,柳州年降水量在20世纪60年代、70年代表现为降水偏多和偏少年份相间出现,80年代中期到90年代初处于降水偏少阶段,之后降水总体偏多。60年间,年降水量最多的年份是1994年,达2298.1 mm,较常年值偏多866.9 mm;最少的年份是1989年,仅909.1 mm,较常年值偏少522.1 mm。2020年,柳州年降水量为1907.6 mm,较常年值偏多476.4 mm(图1.34)。

1961—2020年,桂林年降水量在20世纪60年代、80年代和21世纪00年代主要表现为偏少,在20世纪70年代、90年代和21世纪10年代以偏多为主,降水变化为准20年周期。60年间,年降水量最多的年份是2015年,达3012.0 mm,较

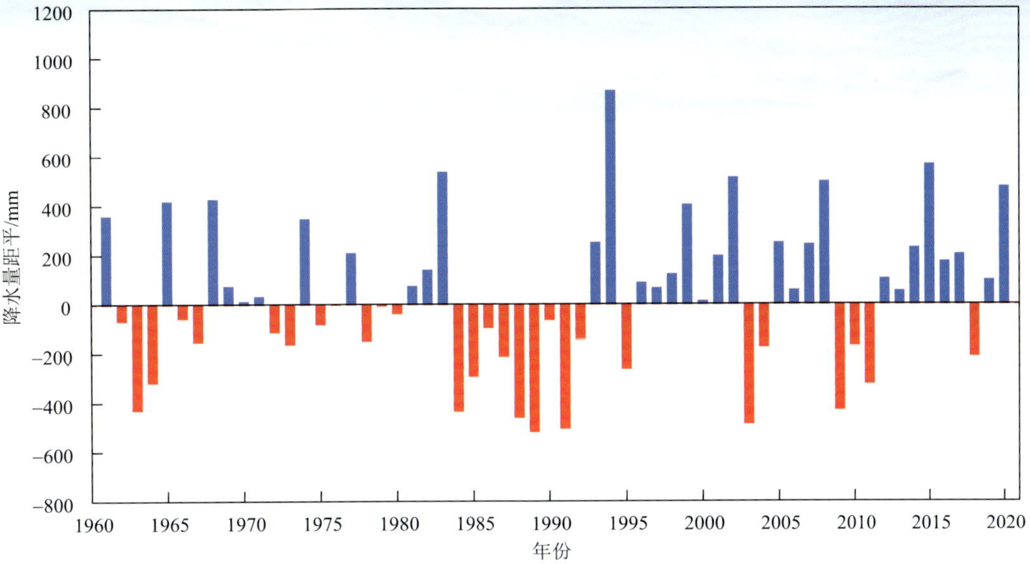

图 1.34 1961—2020 年柳州年降水量距平变化

常年值偏多 1124.4 mm；最少的年份是 2011 年，仅 1254.3 mm，较常年值偏少 633.3 mm。2020 年，桂林年降水量为 2341.6 mm，较常年值偏多 454.0 mm(图 1.35)。

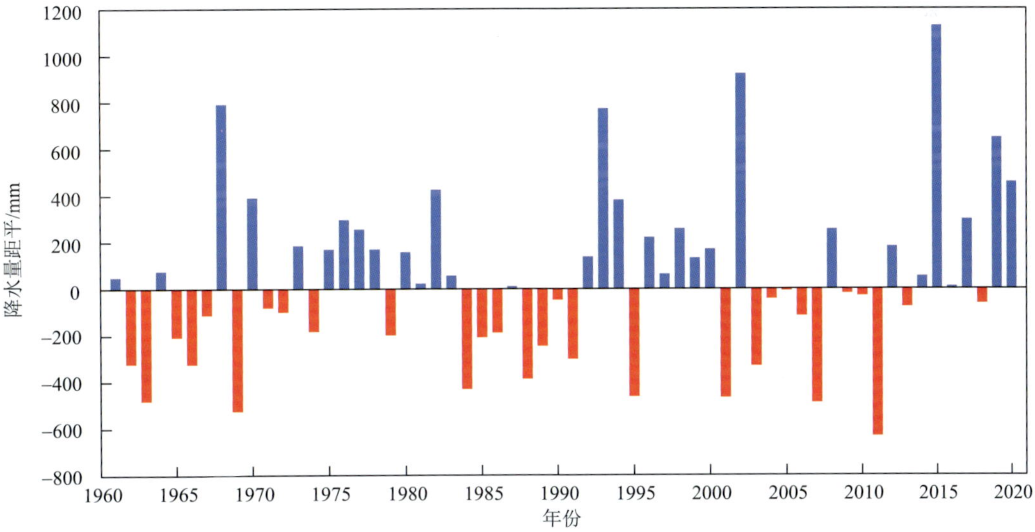

图 1.35 1961—2020 年桂林年降水量距平变化

1961—2020 年，梧州年降水量在 20 世纪 60 年代到 70 年代中期、90 年代中期和 21 世纪 10 年代中期主要表现为偏多，在 20 世纪 80 年代中后期和 21 世纪 00 年代以偏少为主。60 年间，年降水量最多的年份是 2013 年，达 2006.4 mm，较常年值偏多 553.5 mm；最少的年份是 2000 年，仅 904.2 mm，较常年值偏少 548.7 mm。

2020 年，梧州年降水量为 1261.3 mm，较常年值偏少 191.6 mm(图 1.36)。

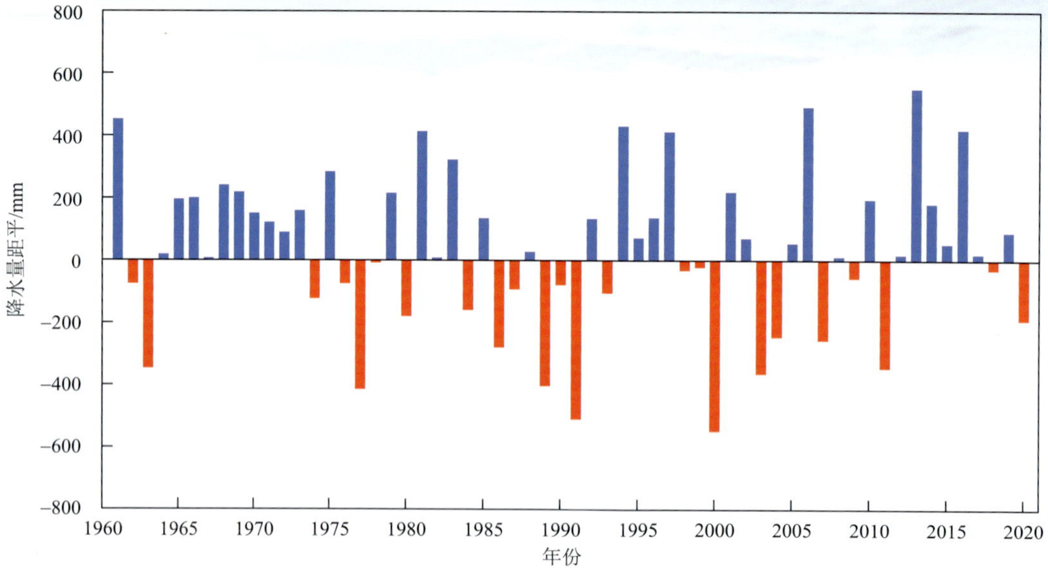

图 1.36　1961—2020 年梧州年降水量距平变化

1961—2020 年，北海在 20 世纪 60 年代、80 年代末至 90 年代初、21 世纪 00 年代年降水量以偏少为主，其余年代降水总体偏多。60 年间，年降水量最多的年份是 2008 年，达 2728.4 mm，较常年值偏多 953.1 mm；最少的年份是 1962 年，仅 848.6 mm，较常年值偏少 926.7 mm。2020 年，北海年降水量为 1582.7 mm，较常年值偏少 192.6 mm(图 1.37)。

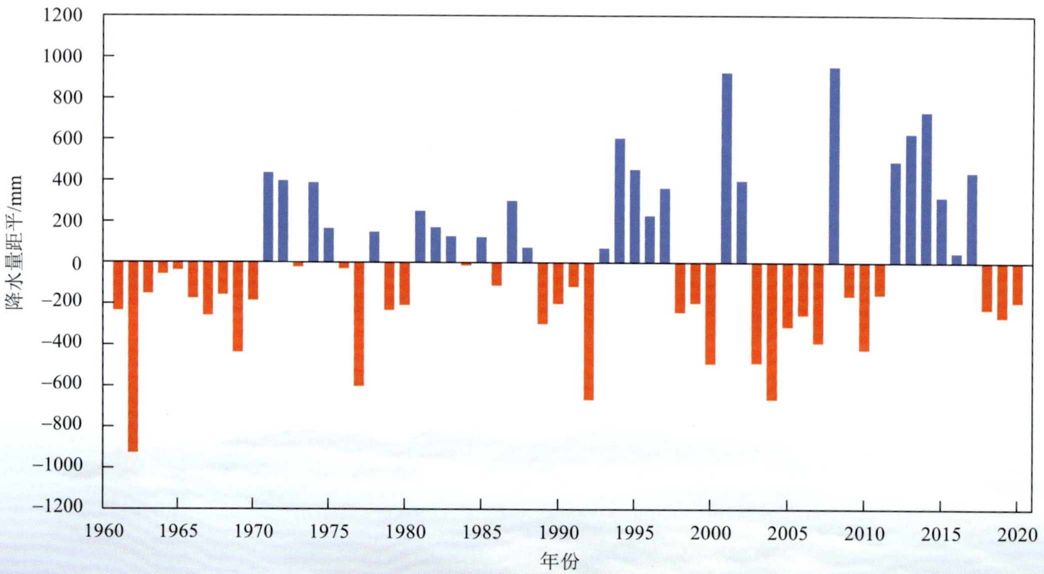

图 1.37　1961—2020 年北海年降水量距平变化

1982—2020 年，防城港年降水量在 20 世纪 80 年代中期、21 世纪 00 年代主要表现为偏少，其余年代降水量总体偏多。年降水量年际变化明显，39 年间，年降水量最多的年份是 2001 年，达 3604.8 mm，较常年值偏多 1010.8 mm；最少的年份是 2006 年，仅 1792.8 mm，较常年值偏少 801.2 mm。2020 年，防城港年降水量为 2584.2 mm，较常年值偏少 9.8 mm（图 1.38）。

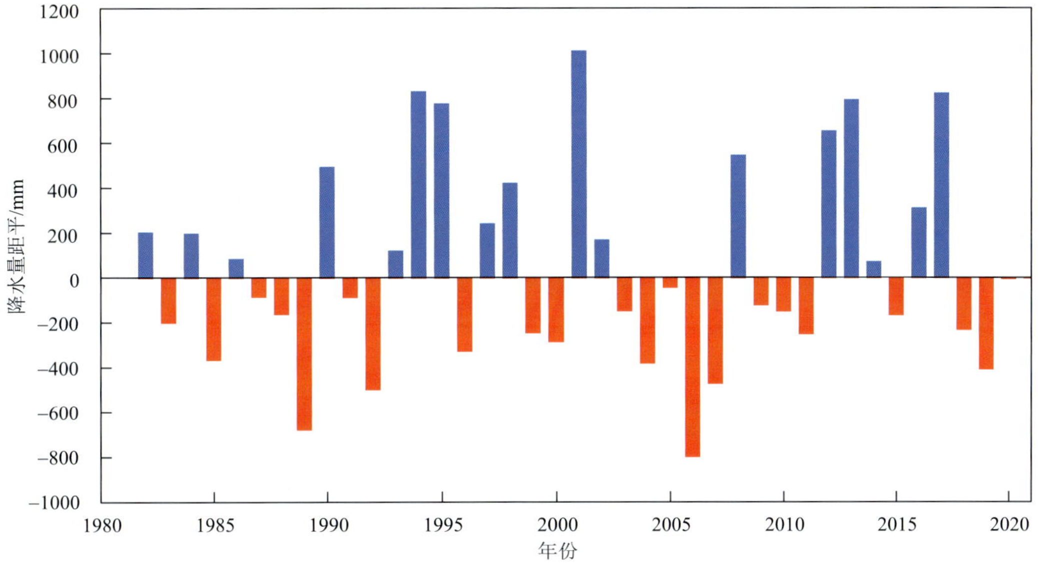

图 1.38　1982—2020 年防城港年降水量距平变化（用防城站数据代表）

1961—2020 年，钦州在 20 世纪 80 年代、90 年代中后期和 21 世纪 10 年代中期年降水量总体偏多，20 世纪 60 年代、21 世纪 00 年代降水量总体偏少。60 年间，年降水量最多的年份是 2001 年，达 2917.1 mm，较常年值偏多 743.3 mm；最少的年份是 1989 年，仅 1204.6 mm，较常年值偏少 969.2 mm。2020 年，钦州年降水量为 1764.2 mm，较常年值偏少 409.6 mm（图 1.39）。

1961—2020 年，贵港在 20 世纪 60 年代中期到 70 年代中期、90 年代中后期和 21 世纪 10 年代年降水量主要表现为偏多，在 20 世纪 80 年代和 21 世纪 00 年代年降水量主要表现为偏少。60 年间，年降水量最多的年份是 2001 年，达 2085.1 mm，较常年值偏多 634.5 mm；最少的年份是 1989 年，仅 891.2 mm，较常年值偏少 559.4 mm。2020 年，贵港年降水量为 1485.8 mm，较常年值偏多 35.2 mm（图 1.40）。

1961—2020 年，玉林年降水量在 20 世纪 70 年代、21 世纪 00 年代后期至 10 年代中期主要表现为偏多，在 20 世纪 60 年代前期、80 年代至 21 世纪 00 年代前期主要表现为偏少。60 年间，年降水量最多的年份是 1981 年，达 2351.0 mm，较常年值偏多 776.3 mm；最少的年份是 1989 年，仅 991.6 mm，较常年值偏少 583.1 mm。

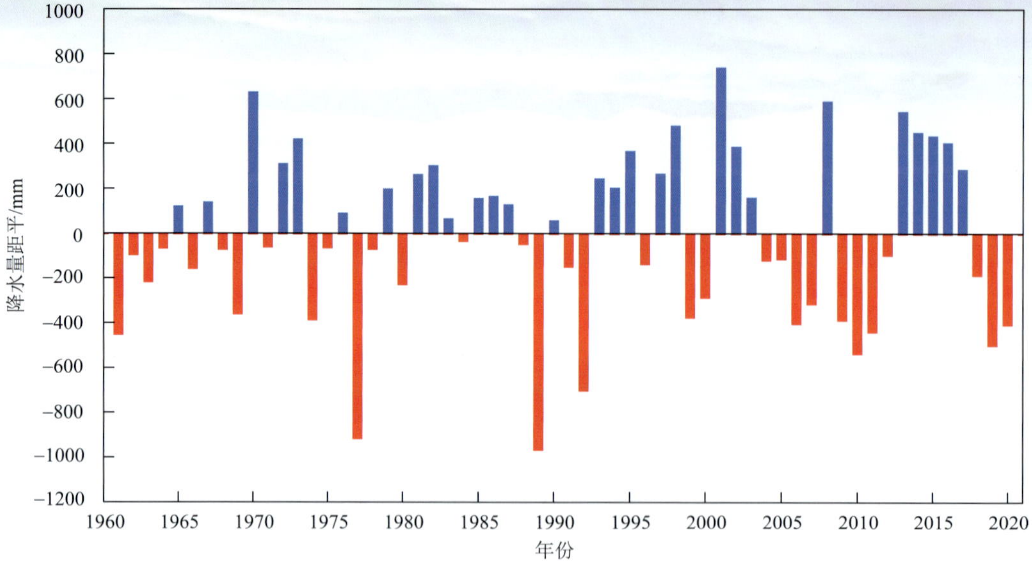

图 1.39 1961—2020 年钦州年降水量距平变化

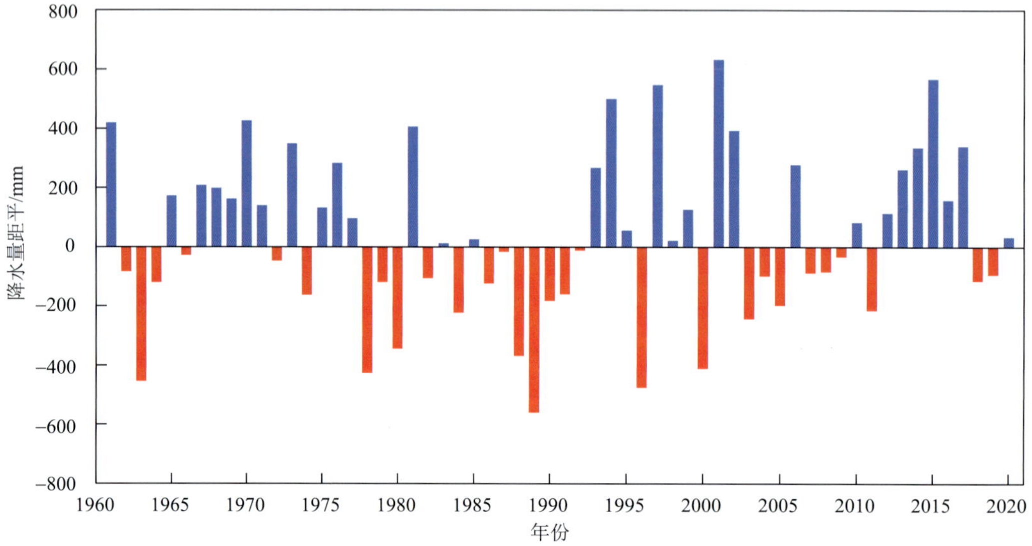

图 1.40 1961—2020 年贵港年降水量距平变化

2020 年,玉林年降水量为 1086.2 mm,较常年值偏少 488.5 mm(图 1.41)。

1961—2020 年,百色在 20 世纪 60 年代到 70 年代、21 世纪 10 年代中后期年降水量总体偏多,在 20 世纪 80 年代年降水量总体偏少。60 年间,年降水量最多的年份是 1968 年,达 1626.1 mm,较常年值偏多 559.3 mm;最少的年份是 1995 年,仅 688.8 mm,较常年值偏少 378.0 mm。2020 年,百色年降水量为 993.9 mm,较常年值偏少 72.9 mm(图 1.42)。

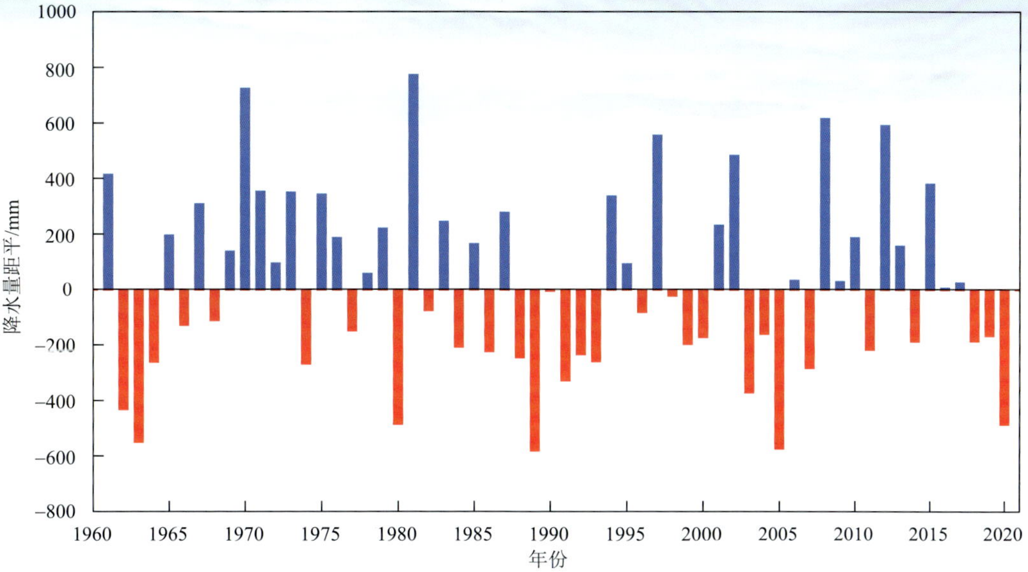

图 1.41　1961—2020 年玉林年降水量距平变化

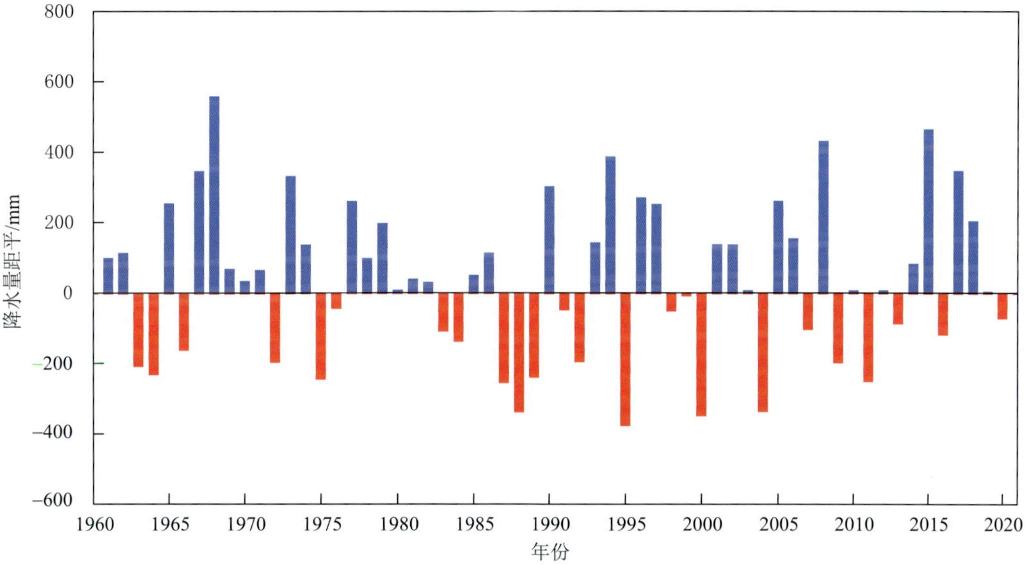

图 1.42　1961—2020 年百色年降水量距平变化

1961—2020 年，贺州年降水量在 20 世纪 90 年代中后期和 21 世纪 10 年代以偏多为主，在 20 世纪 60 年代、70 年代、80 年代和 21 世纪 00 年代以偏少为主。60 年间，年降水量最多的年份是 1973 年，达 2326.4 mm，较常年值偏多 764.7 mm；最少的年份是 1963 年，仅 1075.7 mm，较常年值偏少 486.0 mm。2020 年，贺州年降水量为 1531.6 mm，较常年值偏少 30.1 mm（图 1.43）。

1961—2020 年，河池年降水量在 20 世纪 80 年代中后期和 21 世纪 00 年代至

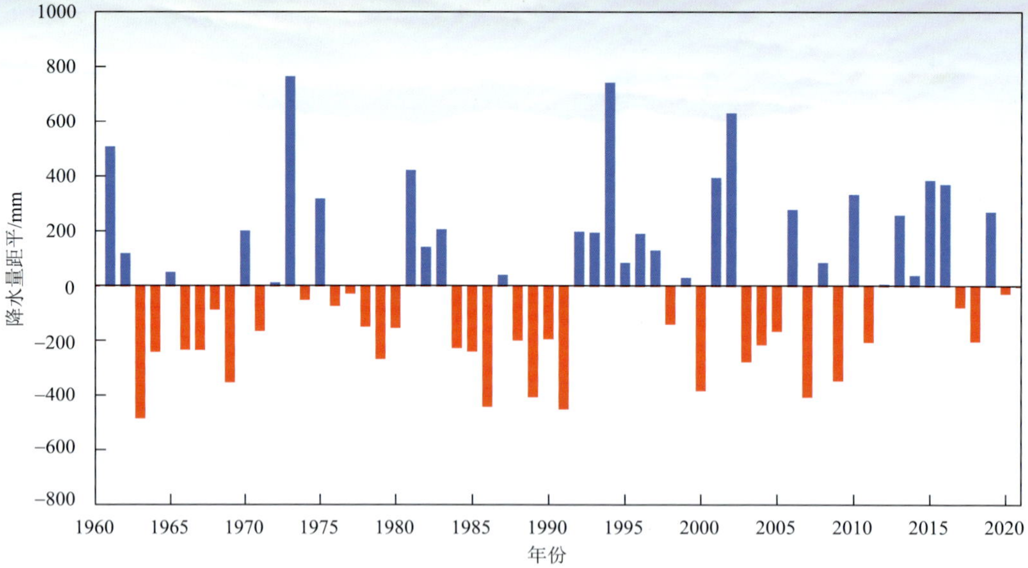

图 1.43　1961—2020 年贺州年降水量距平变化

10 年代中期以偏少为主,20 世纪 90 年代、21 世纪 10 年代后期总体偏多。60 年间,年降水量最多的年份是 1994 年,达 2694.8 mm,较常年值偏多 1224.0 mm;最少的年份是 1963 年,仅 1099.7 mm,较常年值偏少 371.1 mm。2020 年,河池年降水量为 2100.4 mm,较常年值偏多 629.6 mm(图 1.44)。

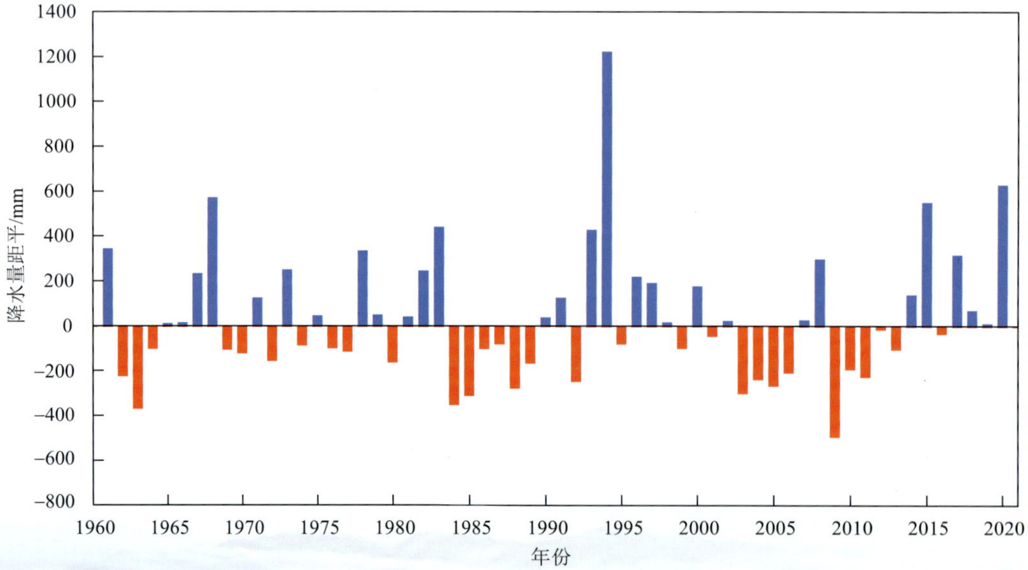

图 1.44　1961—2020 年河池年降水量距平变化

1961—2020 年,来宾年降水量在 20 世纪 60 年代前期、20 世纪 80 年代后期、21 世纪 00 年代主要表现为偏少,20 世纪 60 年代中期至 70 年代中期、21 世纪 10

年代主要表现为偏多。年际变化明显，60 年间，年降水量最多的年份是 1994 年，达 2057.3 mm，较常年值偏多 716.1 mm；最少的年份是 1989 年，仅 820.3 mm，较常年值偏少 520.9 mm。2020 年，来宾年降水量为 1565.1 mm，较常年值偏多 223.9 mm(图 1.45)。

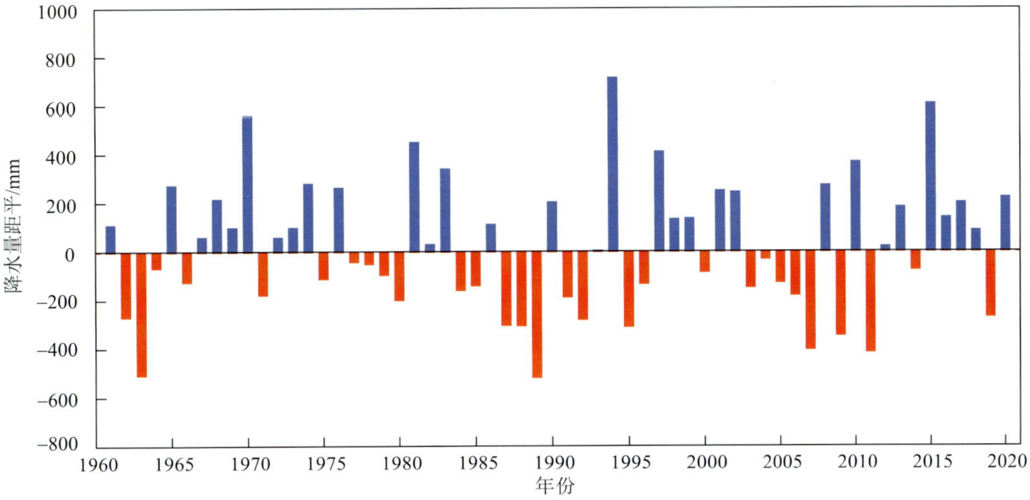

图 1.45　1961—2020 年来宾年降水量距平变化

1961—2020 年，崇左年降水量在 20 世纪 60 年代中期到 80 年代中期、21 世纪 10 年代以偏多为主，其他年份总体偏少。60 年间，年降水量最多的年份是 1986 年，达 1815.3 mm，较常年值偏多 646.1 mm；最少的年份是 1963 年，仅 633.6 mm，较常年值偏少 535.6 mm。2020 年，崇左年降水量为 1124.6 mm，较常年值偏少 44.6 mm(图 1.46)。

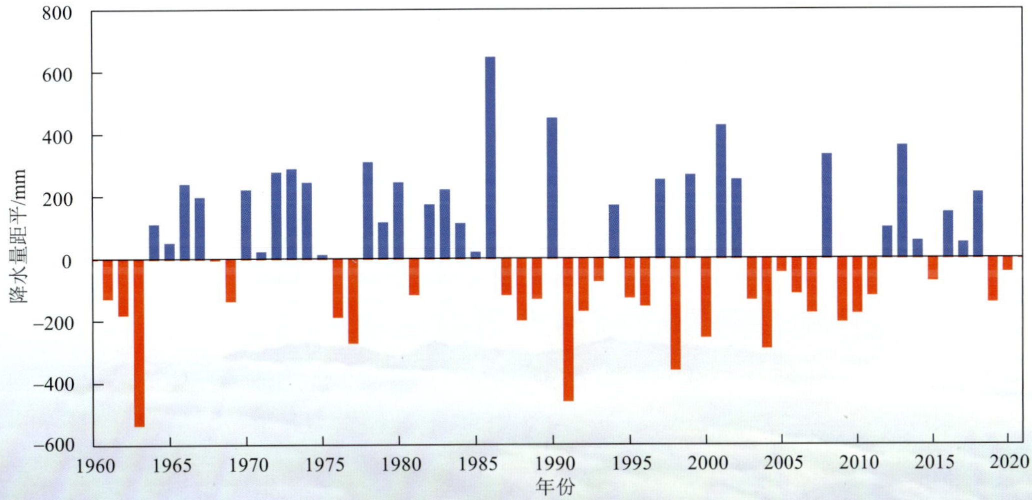

图 1.46　1961—2020 年崇左年降水量距平变化

1.2.6 降水日数

1961—2020 年,广西年降水日数呈显著减少趋势(图 1.47),平均每 10 年减少 5.9 d,高于同期中国平均下降速率(平均每 10 年减少 1.9 d)。1961—2000 年平均年降水日数为 215.8 d,2001—2020 年平均年降水日数为 193.5 d,2000 年以后降水日数明显偏少。60 年间,年降水日数最多的年份是 1970 年,达 239.4 d,较常年值偏多 31.8 d;年降水日数最少的年份是 2016 年,只有 130.1 d,较常年值偏少 77.5 d。

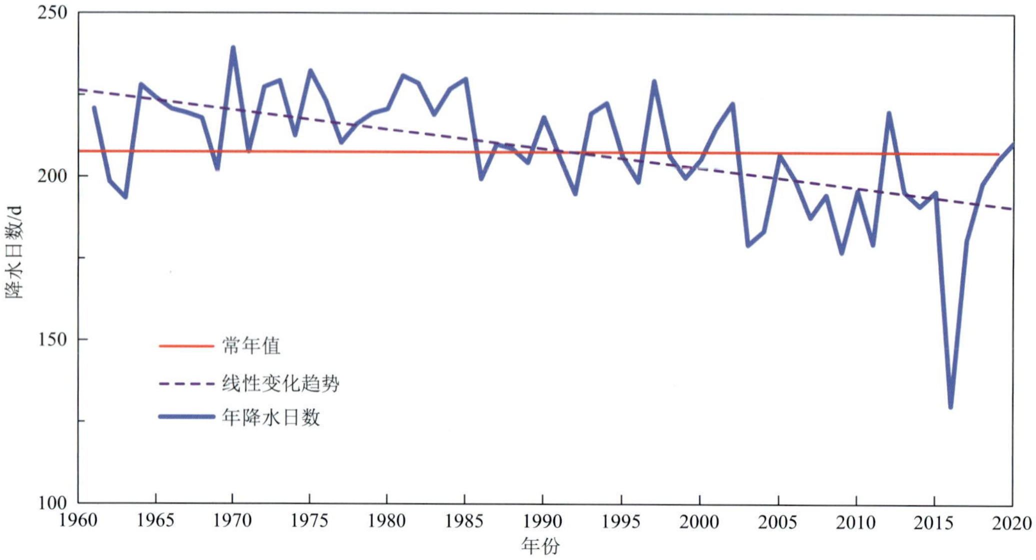

图 1.47 1961—2020 年广西年降水日数变化

1.3 其他要素

1.3.1 相对湿度

1961—2020 年,广西年平均相对湿度呈显著减少趋势,平均每 10 年降低 0.29%(图 1.48)。阶段性变化特征明显,1961—2002 年平均相对湿度以偏高为主;2003—2013 年平均相对湿度明显偏低,2014 年以来转为偏高。2011 年是 60 年间平均相对湿度最低的年份,比常年值偏低 4.8%;1994 年是 60 年间相对湿度最高的年份,比常年值偏高 2.8%。2020 年广西年平均相对湿度较常年值偏高 0.7%。

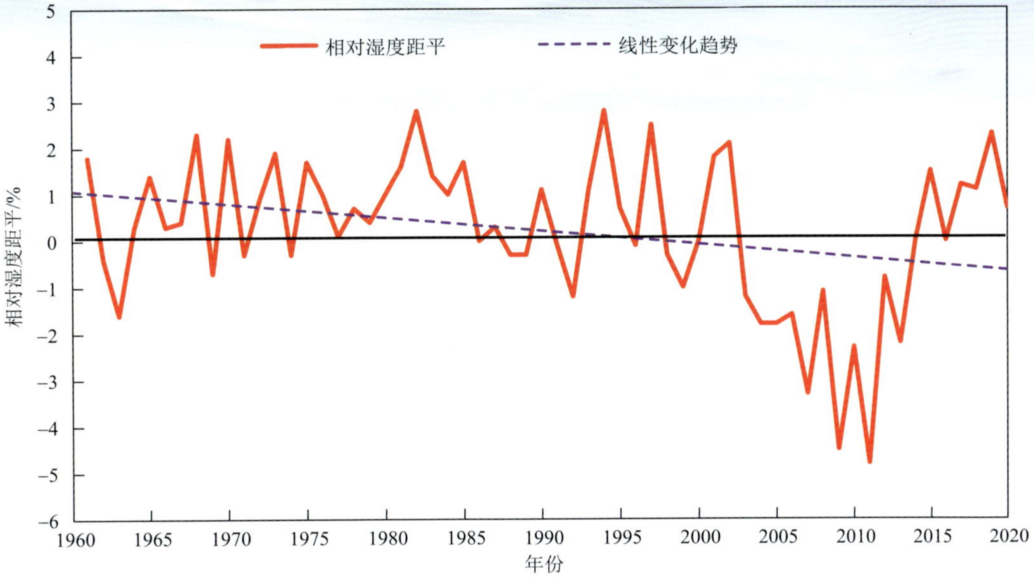

图 1.48　1961—2020 年广西年平均相对湿度距平变化

1.3.2　风速

1961—2020 年，广西年平均风速总体呈减小趋势，平均每 10 年减小 0.05 m/s（图 1.49）。广西年平均风速的长期变化趋势与同期中国年平均风速的变化趋势一致，但减小速率较小。60 年间，广西年平均风速的阶段变化明显，1961—1993

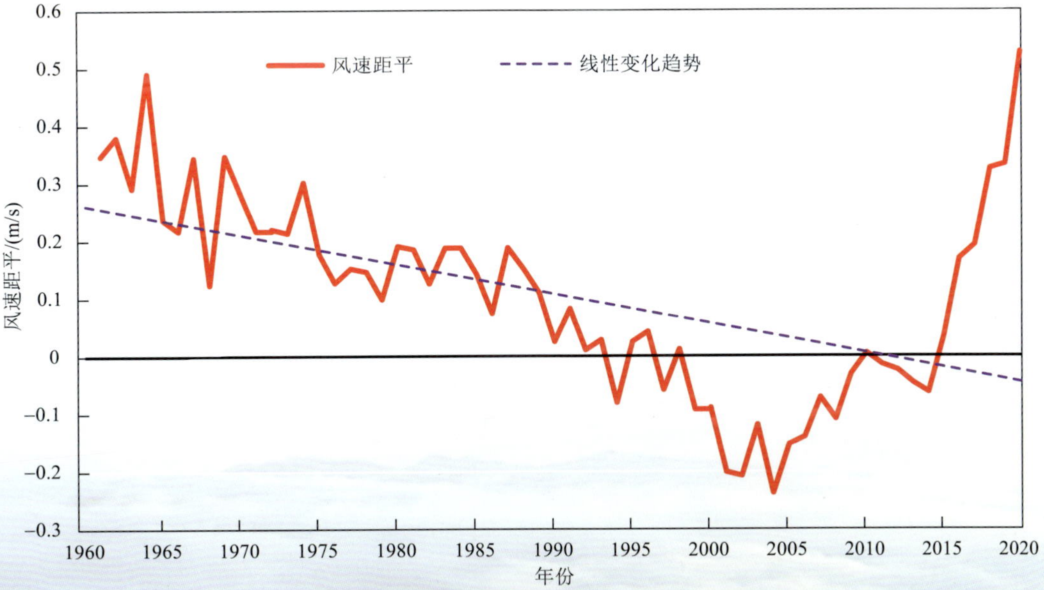

图 1.49　1961—2020 年广西年平均风速距平变化

年为正距平，1994—2014 年基本为负距平，2015 年以后又转为正距平；1961—2004 年的年平均风速呈减小的趋势，2004 年以后年平均风速呈增大的趋势，尤其是在 2015 年后，风速明显增大。20 世纪 90 年代到 21 世纪 10 年代中期，广西年平均风速基本处于负距平，风速偏小，与各地城镇化发展时间一致。2015 年后的风速增大，主要原因是大部分气象站搬迁到远离城市中心的监测环境。60 年间，迁站前后年平均风速最大的年份分别是 1964 年、2020 年，风速距平分别为 0.49 m/s、0.53 m/s；平均风速最小的年份是 2004 年，风速距平为−0.24 m/s。

1.3.3 日照时数

1961—2020 年，广西年日照时数呈显著减少趋势，平均每 10 年减少 37 h（图 1.50）。广西年日照时数的长期变化趋势与同期中国的年日照时数变化趋势一致，且减少速率稍大。60 年间，年日照时数最多的年份是 1963 年，达 1921.2 h，比常年值偏多 403.0 h；最少的年份是 1997 年，仅 1227.1 h，比常年值偏少 291.1 h。年日照时数变化整体上呈波动下降趋势，20 世纪 60 年代至 80 年代和 21 世纪 00 年代日照时数属于偏多期，20 世纪 90 年代和 21 世纪 10 年代属于偏少期。2020 年，广西年日照时数为 1361.6 h，较常年值偏少 156.6 h。

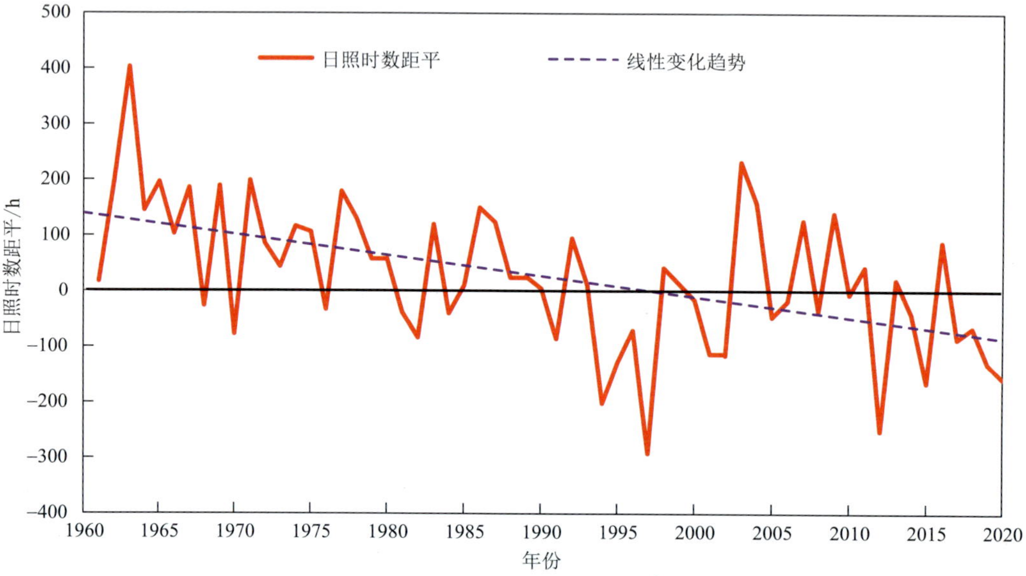

图 1.50 1961—2020 年广西年日照时数距平变化

1.3.4 积温

1961—2020 年，广西日平均气温≥10 ℃的年活动积温总体呈显著增加趋势，平均每 10 年增加 125 ℃·d，高于同期中国日平均气温≥10 ℃的年活动积温的增加速率(平均每 10 年增加 60.4 ℃·d)。1987 年后日平均气温≥10 ℃年活动积温总体以偏高为主，而 1987 年前以偏低为主，1987—2020 年日平均气温≥10 ℃的年活动积温比 1961—1986 年增加了 398.3 ℃·d。60 年间，广西日平均气温≥10 ℃的年活动积温最低值年为 1962 年，比常年值偏少 828.6 ℃·d；2015 年，广西日平均气温≥10 ℃ 的年活动积温为 7656.5 ℃·d，较常年值偏多 340.0 ℃·d，为 1961 年以来年活动积温最高年(图 1.51)。2020 年，广西日平均气温≥10 ℃的年活动积温为 7566.7 ℃·d，较常年值偏多 250.1 ℃·d，

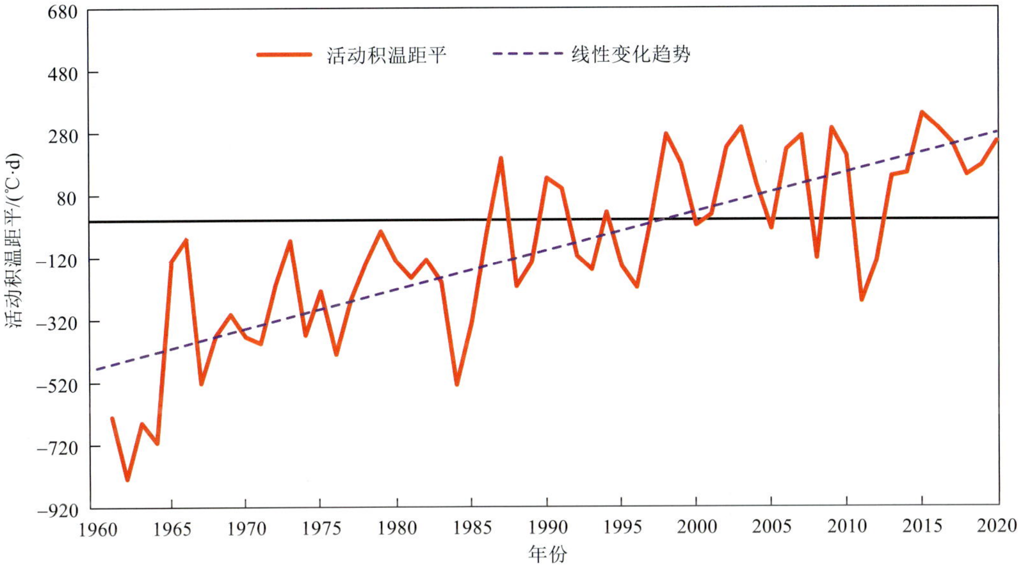

图 1.51　1961—2020 年广西日平均气温≥10 ℃的年活动积温距平变化

1.4　天气气候事件

1.4.1　强降水

(1)暴雨日数

1961—2020 年，广西年暴雨日数呈显著增多趋势，平均每 10 年增加 0.2 d (图 1.52)。20 世纪 80 年代末以前广西年暴雨日数变化相对稳定，之后年际变化加大，暴雨日数异常偏多年份增多。60 年间，广西年暴雨日数最多的年份是 1994 年，为 8.8 d，比常年值偏多 3.0 d。1994 年、2008 年和 2015 年是 60 年间年暴雨日数在 8 d 以上的 3 个年份；年暴雨日数最少的年份是 1963 年，只有 2.7 d，比常年

值偏少 3.1 d。

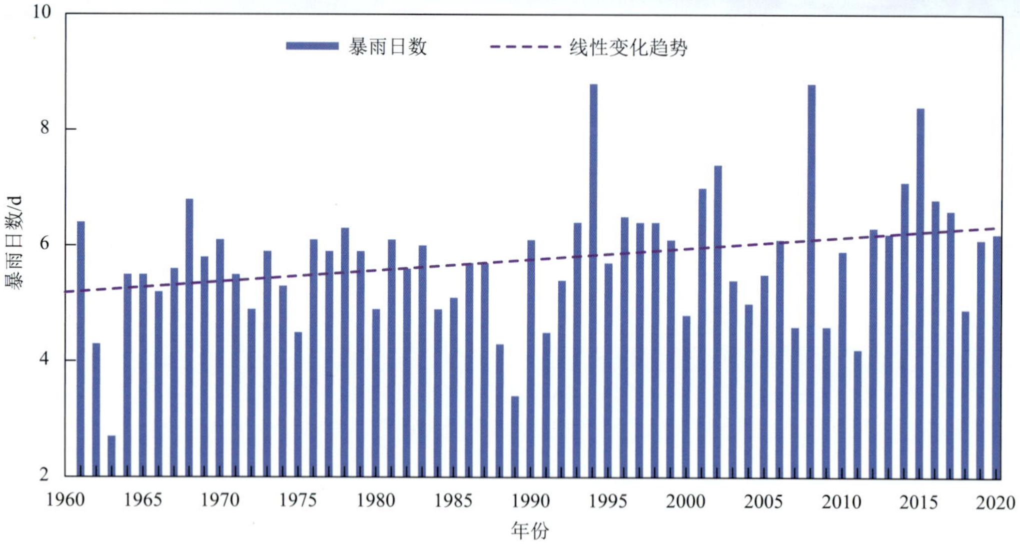

图 1.52　1961—2020 年广西年暴雨日数变化

(2)最大日降水量

1961—2020 年,广西年最大日降水量在 215.8～509.2 mm,长期变化趋势不明显(图 1.53)。60 年间,年最大日降水量的极端最大值出现在 1981 年 7 月 24 日的北海,高达 509.2 mm,比北海常年雨量高峰月 8 月的雨量还多113.7 mm;广西年最大日降水量在 300 mm 以上的年份有 32 年,其中有 20 年发生在 20 世纪 90 年代以后。2020 年,全区最大日降水量为 330.0 mm(阳朔,6 月 7 日)。

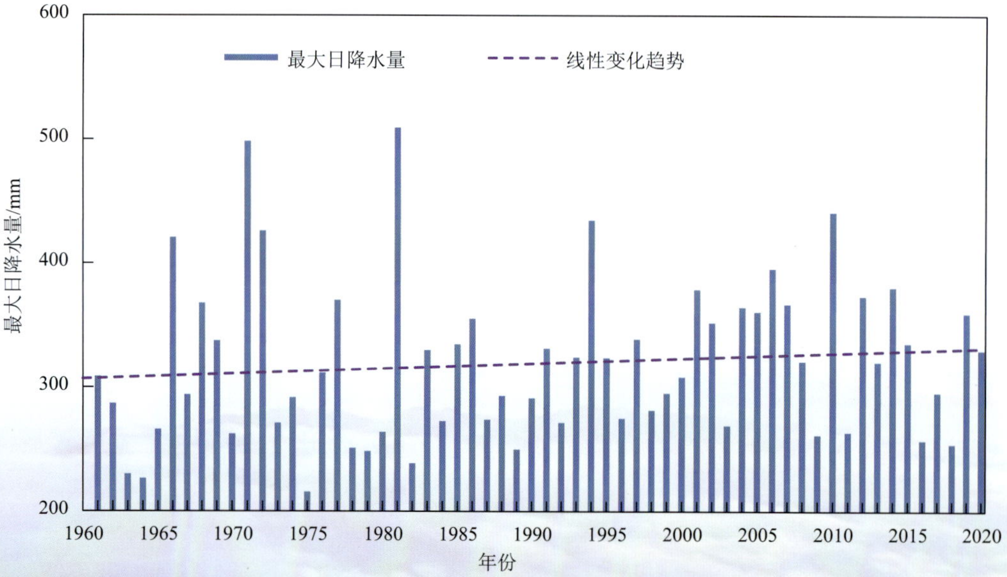

图 1.53　1961—2020 年广西年最大日降水量变化

(3)极端日降水量事件

1961—2020年,广西年极端日降水量事件频次呈显著增多趋势,平均每10年增加0.7站日,远低于同期中国年极端日降水量事件频次的增多速率(18站日/(10 a))(图1.54)。广西单站年极端日降水量事件频次的年际变化明显,历年极端日降水量事件频次在1~22站日,2014年极端日降水量事件频次最多,为22站日,其次为2008年,为21站日;1980年和1989年极端日降水量事件频次最少,仅有1站日。2020年,广西极端日降水量事件频次为11站日,较常年值偏多2站日。

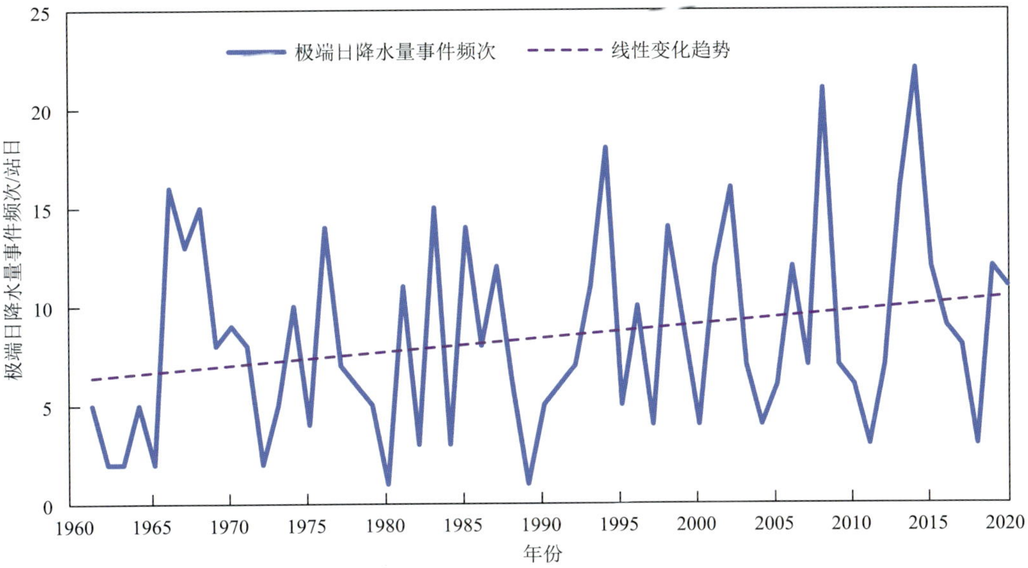

图1.54　1961—2020年广西年极端日降水量事件频次变化

1.4.2　热带气旋

1961—2020年,影响广西的热带气旋总数为295个,平均每年约4.9个,最多的年份有9个(1974年),最少的年份无热带气旋影响(2004年)。影响广西的热带气旋个数呈显著减少趋势,平均每10年减少0.4个,年代际变化明显,1961—1996年的年平均影响热带气旋有5.6个;1997—2020年,年平均影响热带气旋有3.9个(图1.55)。进入21世纪后,影响广西的热带气旋个数的极端性加强,2004年无热带气旋影响,而2013年影响个数达8个,均为罕见年份。2020年,影响广西的热带气旋为4个,接近常年值。

1961—2020年,影响广西的热带气旋强度呈不显著的增加趋势(图1.56)。2014年的超强台风“威马逊”是1949年后影响广西最强的热带气旋,其进入广西影响区后最大风速达72 m/s(风力17级以上)。影响广西的强台风以上级别热带

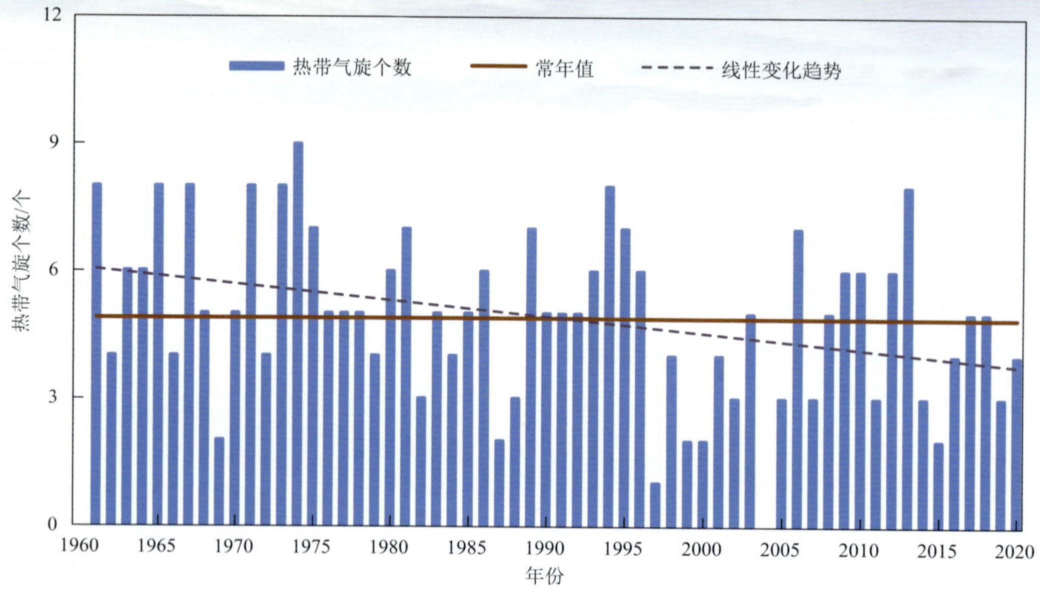

图 1.55　1961—2020 年影响广西的热带气旋个数变化

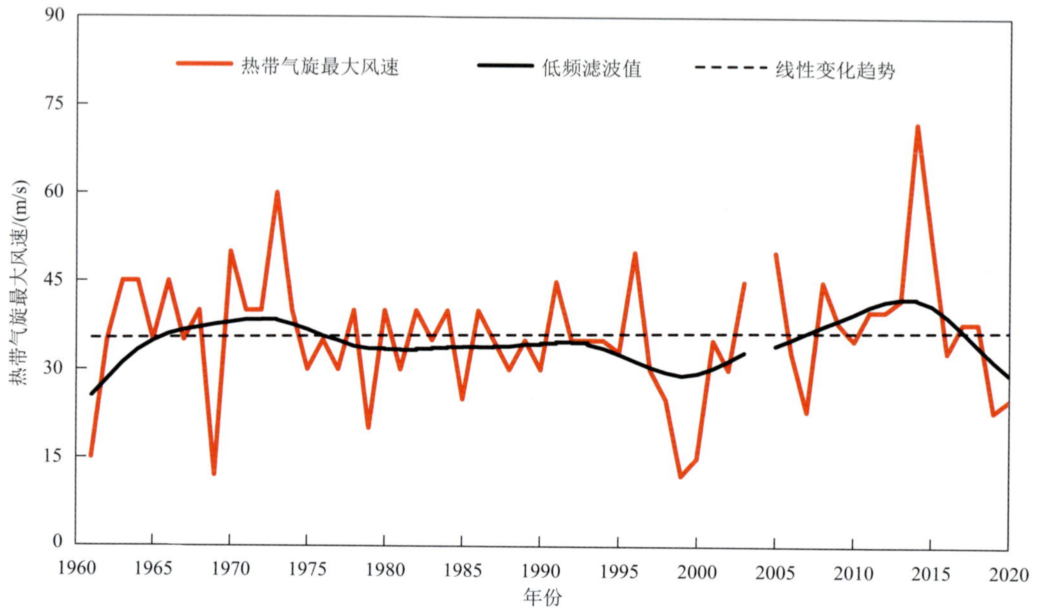

图 1.56　1961—2020 年影响广西的热带气旋中心附近最大风速变化

气旋频率呈明显的年代际波动变化，20 世纪 60 年代至 70 年代前期，平均每 3 年就有强台风以上级别的热带气旋影响，其中有 1 个达超强台风级别(1973 年)；20 世纪 70 年代中期至 1990 年，广西没有强台风以上级别热带气旋影响；20 世纪 90 年代至 2015 年，强台风以上级别热带气旋影响广西的频率增多，平均每 3 年就有强台风以上级别热带气旋影响，其中有 2 个达超强台风级别（2014 年、2015 年）；2016—2020 年，广西未受强台风以上级别热带气旋影响。2020 年，影响广西的最强热带气旋中心附近最大风速为 25 m/s（风力 10 级），为强热带风暴级别。

1.4.3　高温

（1）高温日数

1961—2020 年，广西年高温日数呈显著增加趋势，平均每 10 年增加 1.6 d（图 1.57）。60 年间，年高温日数呈波动式上升，其中 1963 年、1990 年和 2009 年是 3 个高温日数波峰年，年高温日数分别为 33.4 d、29.5 d 和 32.4 d；而 1974 年和 1997 年则是两个波谷年，年高温日数都为 6.6 d，波动周期为 19～27 年。1998—2020 年的年高温日数增加迅速，23 年里有 17 年的高温日数不低于 20 d，且较常年值偏多 2.3 d 以上；自 2009 年起广西年高温日数稳定超过 20 d。2020 年，广西年高温日数为 24.6 d，较常年值偏多 6.9 d。

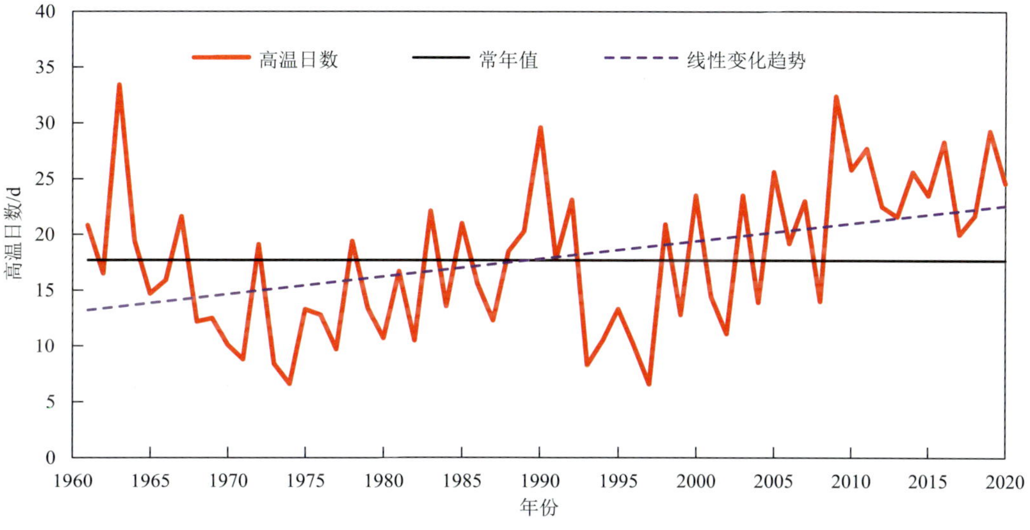

图 1.57　1961—2020 年广西年高温日数变化

（2）热夜日数

1961—2020 年，广西年热夜日数呈显著增多趋势，平均每 10 年增加 0.45 d（图 1.58）。1998 年以前广西年热夜日数以偏少为主，1961—1997 年广西每年的热夜日数不到 2 d，年热夜日数变化平稳；1998 年以后广西年热夜日数以偏多为主，年热夜日数明显增加，1998—2020 年广西年平均的热夜日数为 2.3 d，比常年值偏多 1 d。2010 年是 60 年间热夜日数最多的一年，达 5.3 d，比常年值偏多

4.0 d;其次为 2015 年,为 4.7 d,比常年值偏多 3.4 d。2020 年,广西年热夜日数为 4.4 d,比常年值偏多 3.1 d,为 60 年间第三多年份。

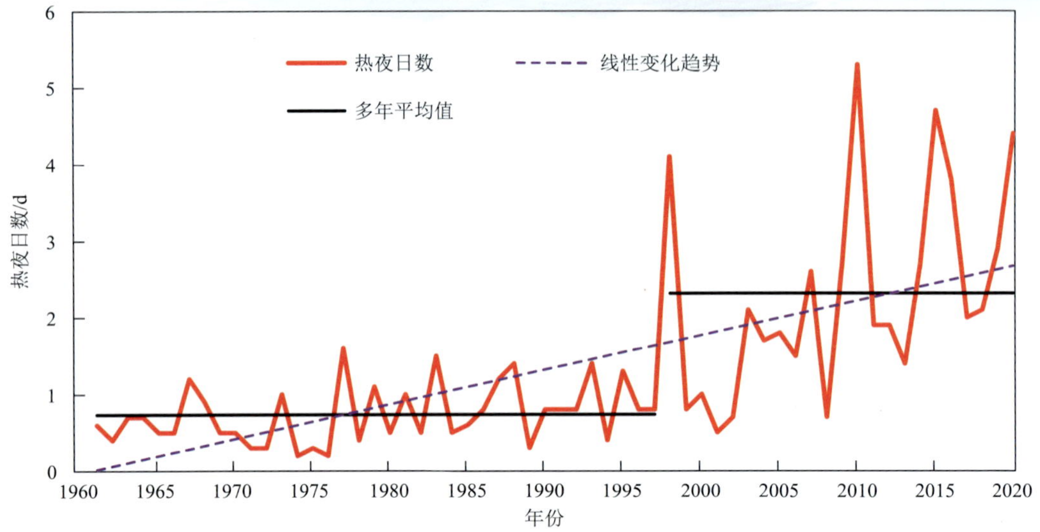

图 1.58　1961—2020 年广西年热夜日数变化

(3)年平均最高气温

1961—2020 年,广西年平均最高气温呈显著上升趋势,平均每 10 年增高 0.11 ℃,低于广西年平均气温的升高速率(0.15 ℃/(10 a))。广西年平均最高气温在 1997 年以前以偏低为主,之后以偏高为主。60 年间,广西年平均最高气温最大值出现在 2003 年和 2009 年,年平均最高气温达 26.3 ℃,较常年值偏高0.9 ℃;广西年平均最高气温最小值出现在 1984 年,年平均最高气温为 24.1 ℃,较常年值偏低 1.3 ℃。2020 年,广西年平均最高气温为 25.6 ℃,较常年值偏高0.2 ℃(图 1.59)。

(4)极端高温事件

1961—2020 年,广西极端高温事件频次呈显著增多趋势和明显的年代际变化,平均每 10 年增加 2.8 站日(图 1.60)。1961—1987 年,平均每年发生频次为 4 站日的极端高温事件,1988—2010 年平均每年发生频次为 13 站日的极端高温事件,而最近的 10 年(2011—2020 年)平均每年发生频次为 24 站日的极端高温事件,极端高温事件频次呈显著的年代际增长。60 年间,极端高温事件频次最多的年份是 1990 年,达 68 站日,比常年值偏多 58 站日。2020 年广西发生频次为 41 站日的极端高温事件,较常年值偏多 31 站日。

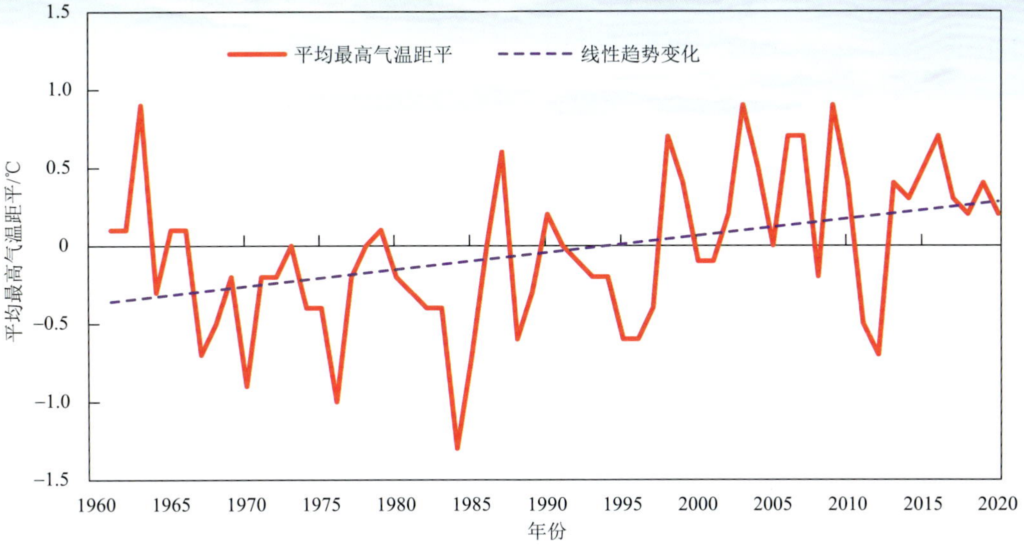

图 1.59　1961—2020 年广西年平均最高气温距平变化

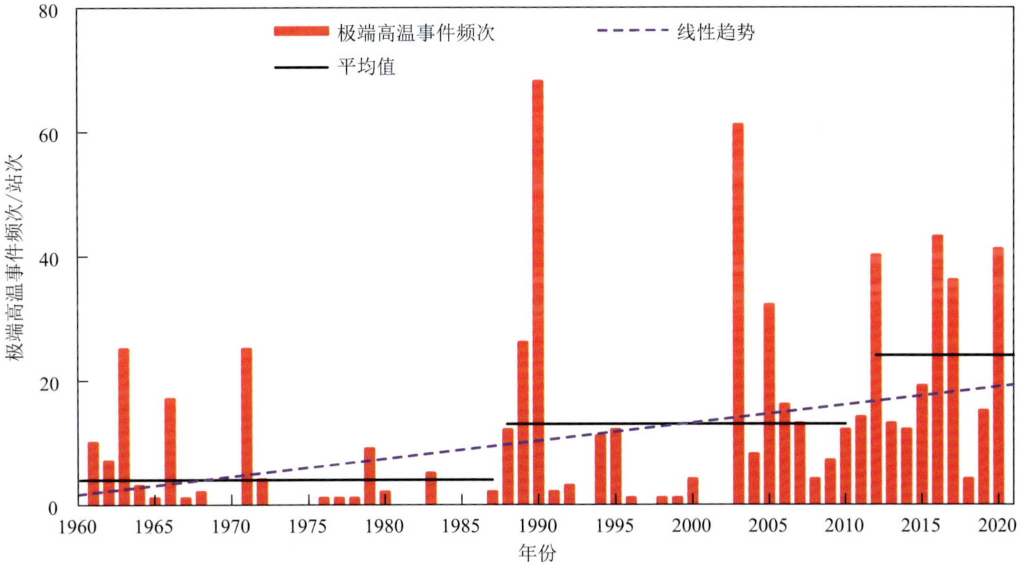

图 1.60　1961—2020 年广西极端高温事件频次变化

1.4.4　低温

(1)低温日数

1961—2020 年,广西年低温日数(日最低气温≤5 ℃日数)为 6.1～34.6 d。60 年间,广西年低温日数呈显著减少趋势,平均每 10 年减少 2.0 d,其中 20 世纪 80 年代后期以来低温日数减少趋势更加明显。1961—1985 年平均每年低温日数为 22 d,而 1986—2020 年平均每年低温日数为 14.8 d(图 1.61)。1984 年广西低温日数为 34.6 d,较常年值偏多 17.7 d,为 60 年间低温日数最多的年份;2015 年广西低温日数为 6.1 d,较常年值偏少 10.8 d,为 60 年间低温日数最少的年份。2020 年,广西低温日数为 8.0 d,较常年值偏少 8.9 d。

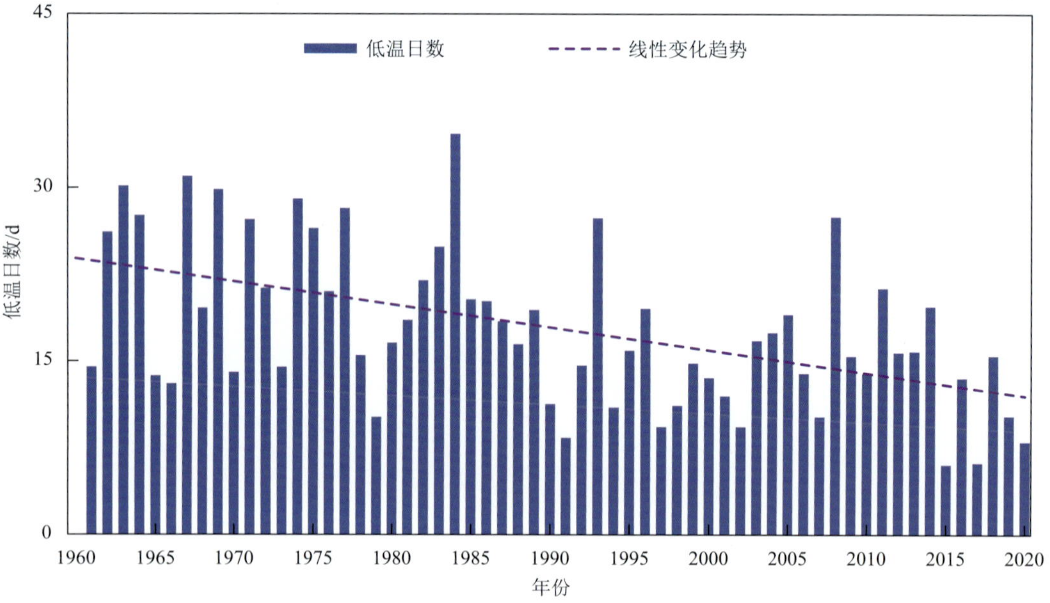

图 1.61　1961—2020 年广西年低温日数变化

(2)年平均最低气温

1961—2020 年,广西年平均最低气温呈显著上升趋势,平均每 10 年上升 0.2 ℃。20 世纪 90 年代中期以前年平均最低气温基本低于常年值,以后则基本高于常年值。最小值出现在 1984 年,为 16.5 ℃,较常年值偏低 1.0 ℃;最大值出现在 2015 年,为 18.6 ℃,较常年值偏高 1.1 ℃(图 1.62)。2020 年,广西年平均最低气温为 18.3 ℃,较常年值偏高 0.8 ℃。

(3)极端最低气温

广西年极端最低气温主要出现在资源、金秀、乐业和南丹。1961—2020 年,广西年极端最低气温呈显著上升趋势,平均每 10 年升高 0.5 ℃(图 1.63)。20 世纪 80 年代以前的年极端最低气温较低,80 年代以后上升趋势明显,最高值出现在 2007 年,极端最低气温为−1.6 ℃(资源,2007 年 1 月 29 日);最低值出现在 1963 年,极端最低气温为−8.4 ℃(资源,1963 年 1 月 15 日)。虽然 20 世纪 80 年代后年极端最低气温偏高,但也有明显偏低的年份,如 1999 年,极端最低气温为−6.8 ℃,较常年值偏低 2.9 ℃。2020 年,极端最低气温为−1.8 ℃,比常年值偏高 2.1 ℃。

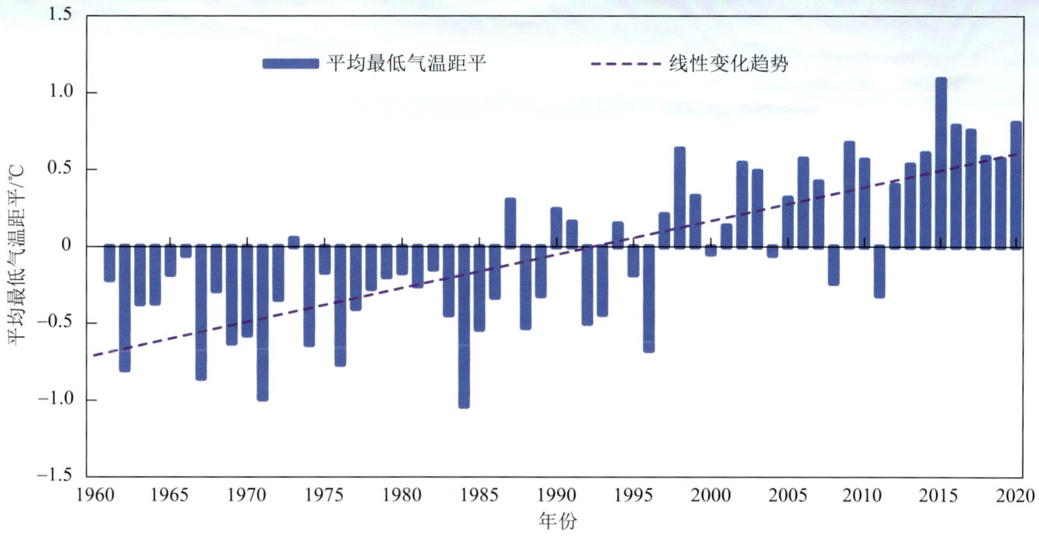

图 1.62　1961—2020 年广西年平均最低气温距平变化

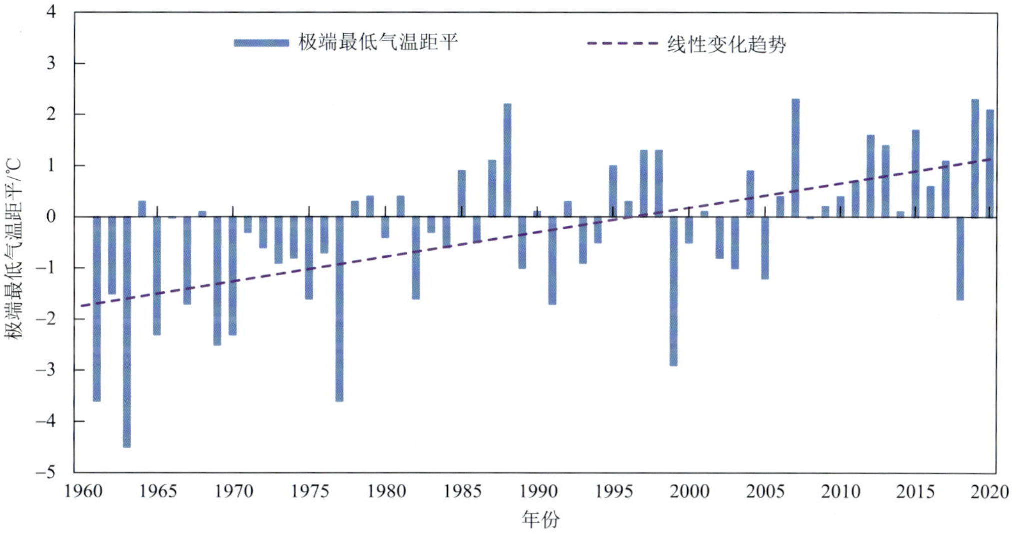

图 1.63　1961—2020 年广西年极端最低气温变化

1.4.5　干旱

（1）重旱以上日数

1961—2020 年，广西年重旱以上日数的变化趋势不明显，但具有明显的年代际波动变化特征，1961—1987 年、1993—2002 年、2012—2020 年属偏少期，1988—1992 年、2003—2011 年属偏多期（图 1.64）。60 年间，1963 年重旱以上日数最多，达 87 d；2017 年重旱以上日数最少，仅 1 d。2020 年重旱以上日数为 24 d，比常年值偏多 2 d。

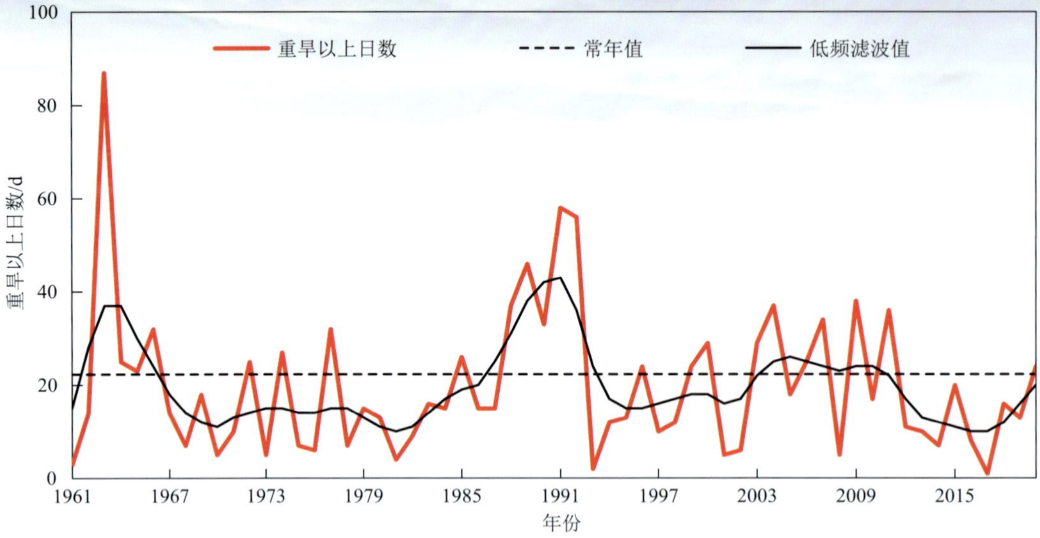

图 1.64　1961—2020 年广西年重旱以上日数变化

(2)干旱受灾面积

1961—2020 年,广西年干旱受灾面积的变化趋势不明显,具有较明显的年代际波动变化特征,20 世纪 60 年代略呈下降趋势,70 年代至 80 年代上升趋势明显,90 年代前期至中期呈下降趋势,90 年代后期至 21 世纪初呈"上升—下降—上升"的变化趋势(图 1.65)。相对于常年值而言,1961—1983 年、1993—1999 年、2011—2019 年干旱受灾面积以偏小为主,1984—1992 年、2000—2010 年干旱受灾面积以偏多为主。60 年间,1991 年和 1963 年干旱受灾面积最大,分别达 155.52 万 hm^2 和 155.20 万 hm^2。2020 年干旱受灾面积 86.2 万 hm^2,比常年值偏多 13.8 万 hm^2。

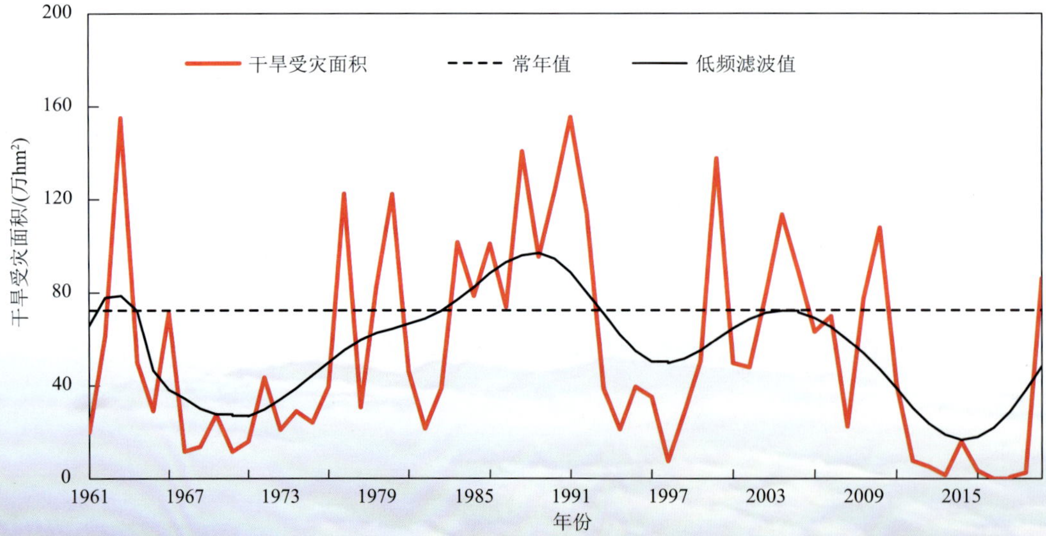

图 1.65　1961—2020 年广西年干旱受灾面积变化

1.4.6 灾害影响

1994—2020 年，广西因气象灾害造成的损失呈减少趋势，其中因气象灾害受灾人口平均每 10 年减少 910.1 万人、农业受灾面积平均每 10 年减少 58.3 万 hm^2，死亡人口平均每 10 年减少 156 人（图 1.66），直接经济损失平均每 10 年减少 62.15 亿元；2011—2020 年广西气象灾害造成的直接经济损失平均每年为 77.03 亿元，较 2001—2010 年的平均值减少了 59.61 亿元（图 1.67）。灾害损失减少的原因主要是防灾减灾措施力度加强与防灾减灾能力提高。

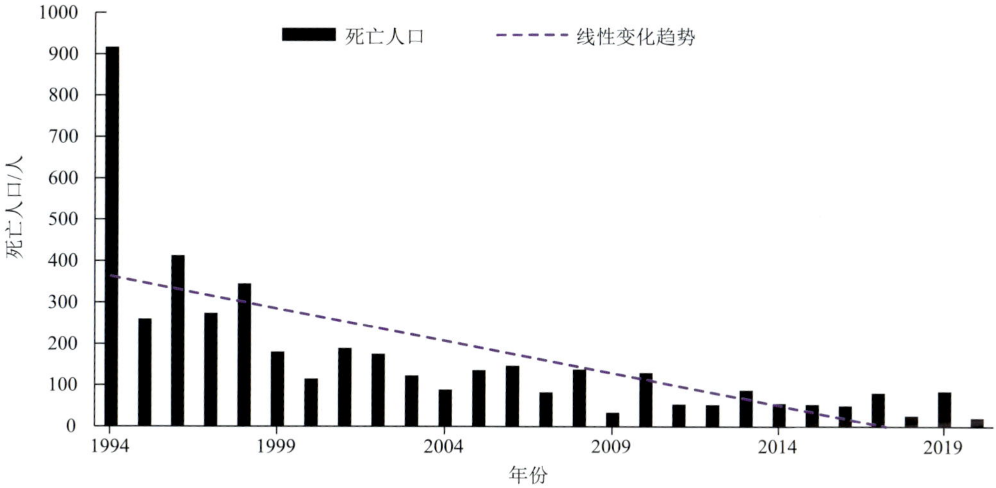

图 1.66 1994—2020 年广西气象灾害造成的死亡人口变化

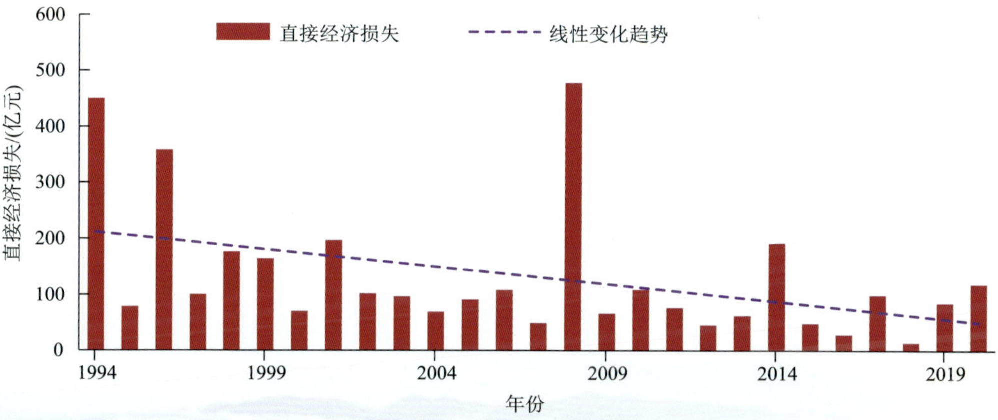

图 1.67 1994—2020 年广西气象灾害造成的直接经济损失变化

2008 年是 1949 年以来广西气象灾害损失最严重的年份，当年广西受灾人口达 3449.5 万人，农业受灾面积 296.7 万 hm^2，直接经济损失 478.4 亿元，所受气象灾害损失最大的是罕见的极端低温雨雪霜(冰)冻害,其次为暴雨洪涝和台风灾害。2020 年气象灾害共造成广西 336.9 万人受灾,死亡 21 人,失踪 5 人,农作物受灾面积 27.93 万 hm^2,绝收面积 1.99 万 hm^2,直接经济损失 118.6 亿元,属损失偏重年份。

第 2 章 陆 地

2.1 地温

1961—2020 年，广西 0 cm 和 10 cm 深度年平均地温呈显著上升趋势，平均每 10 年分别升高 0.12 ℃和 0.10 ℃(图 2.1、图 2.2)。地温的年代际变化明显，20 世纪 60 年代至 90 年代初，地温总体以偏低为主，之后以偏高为主。1981—2020 年，广西 40 cm 深度年平均地温也呈现显著上升趋势，平均每 10 年升高 0.13 ℃(图 2.3)。整个统计时段内，广西不同深度(0 cm、10 cm 和 40 cm)年平均地温最高值都出现在 2009 年，分别为 24.1 ℃、23.2 ℃和 23.8 ℃，0 cm 和 10 cm 年平均地温最低值都出现在 1984 年，分别只有 22.0 ℃ 和 22.7 ℃，而 40 cm 年平均地温

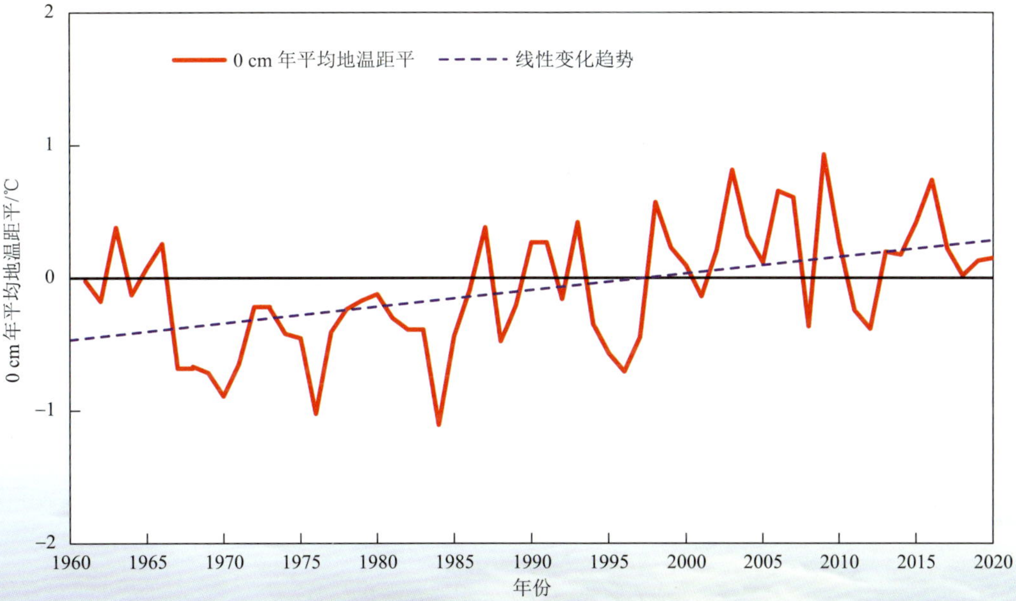

图 2.1 1961—2020 年广西 0 cm 年平均地温距平变化

最低值出现在 1996 年,为 22.5 ℃。2020 年广西不同深度(0 cm、10 cm 和 40 cm)年平均地温为 23.3 ℃、22.7 ℃和 23.8 ℃,分别较常年值偏高 0.2 ℃、0.4 ℃和 0.5 ℃。

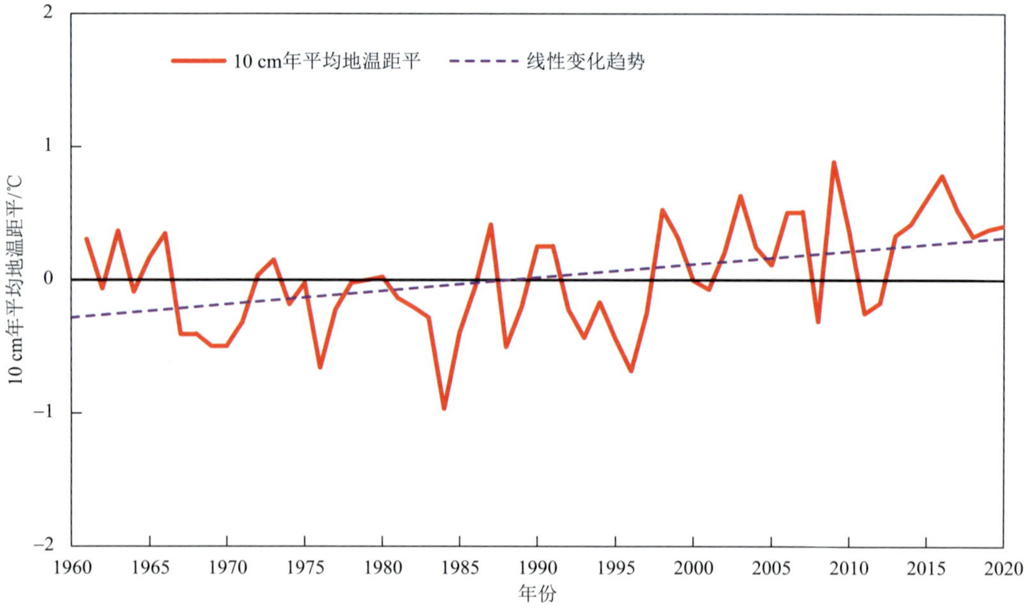

图 2.2 1961—2020 年广西 10 cm 年平均地温距平变化

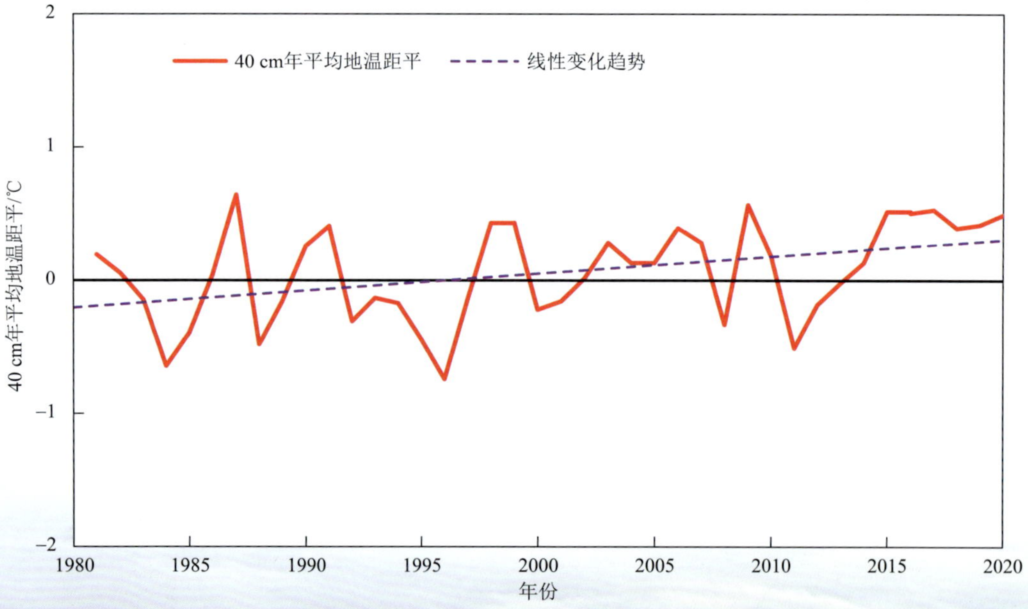

图 2.3 1981—2020 年广西 40 cm 年平均地温距平变化

2.2　土壤相对湿度

选取时间连续性较好的百色国家农业气象一级观测站（简称百色站）的土壤湿度观测资料分析其长期变化趋势。1994—2020 年，百色站不同深度土壤相对湿度呈现不同的长期变化趋势。10 cm 深度的土壤相对湿度呈无明显长期变化趋势，年代际变化明显，20 世纪 90 年代中后期土壤相对湿度明显上升，21 世纪 00 年代呈明显下降，21 世纪 10 年代又逐渐回升，最高值为 93%，出现在 1997 年，最低值为 61%，出现在 1994 年和 2009 年（图 2.4）。百色站 30 cm 深度的土壤相对湿度整体呈不显著的减少趋势，1994—2014 年土壤相对湿度明显下降，2015—2020 年明显上升，最高值为 97%，出现在 1994 年，最低值为 68%，出现在 2004 年（图 2.5）。百色站 50 cm 深度的土壤相对湿度呈显著下降趋势，平均每 10 年降低 2.06%，年际波动较大，最高值为 97%，出现在 1994 年，最低值为 79%，出现在 2016 年（图 2.6）。2020 年，百色站不同深度的土壤相对湿度（10 cm、30 cm、50 cm）分别为 82%、85%、87%，较多年平均值（1994—2020 年平均）分别偏高 3%、3%、2%。

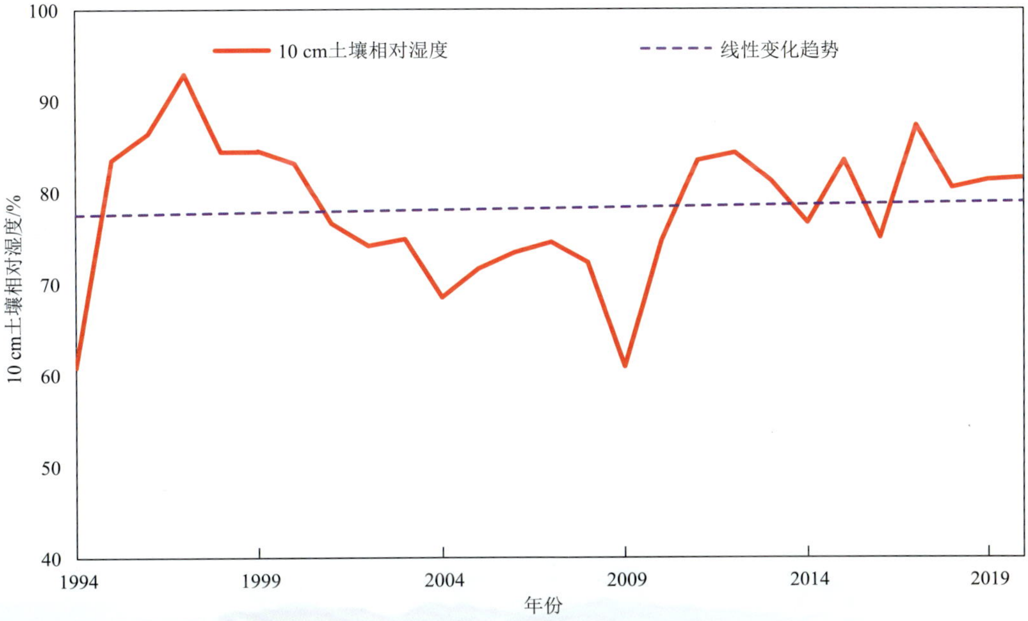

图 2.4　1994—2020 年百色站 10 cm 土壤相对湿度变化

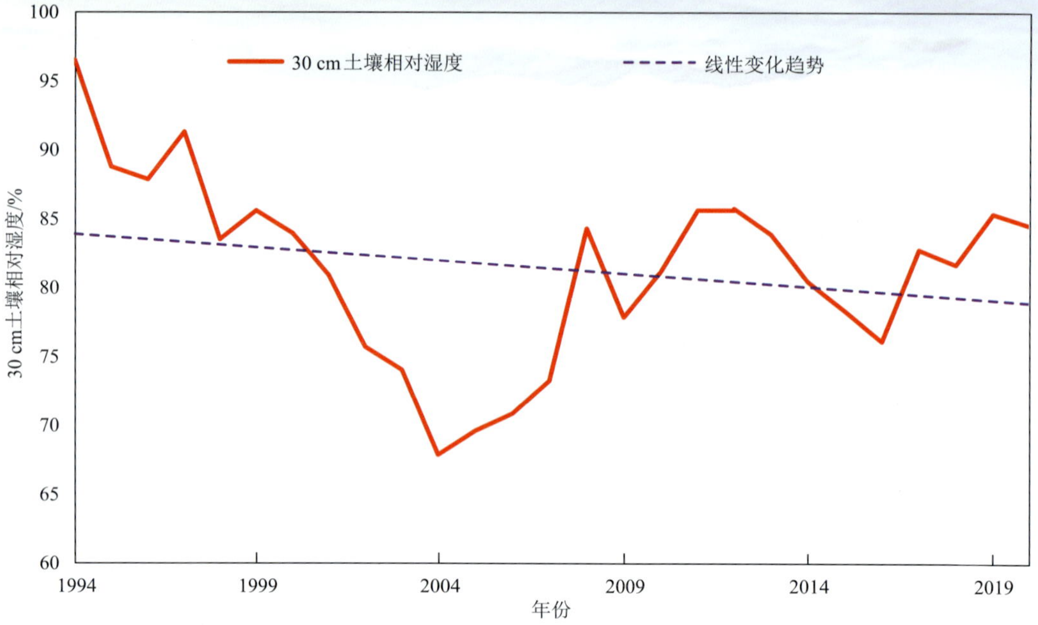

图 2.5　1994—2020 年百色站 30 cm 土壤相对湿度变化

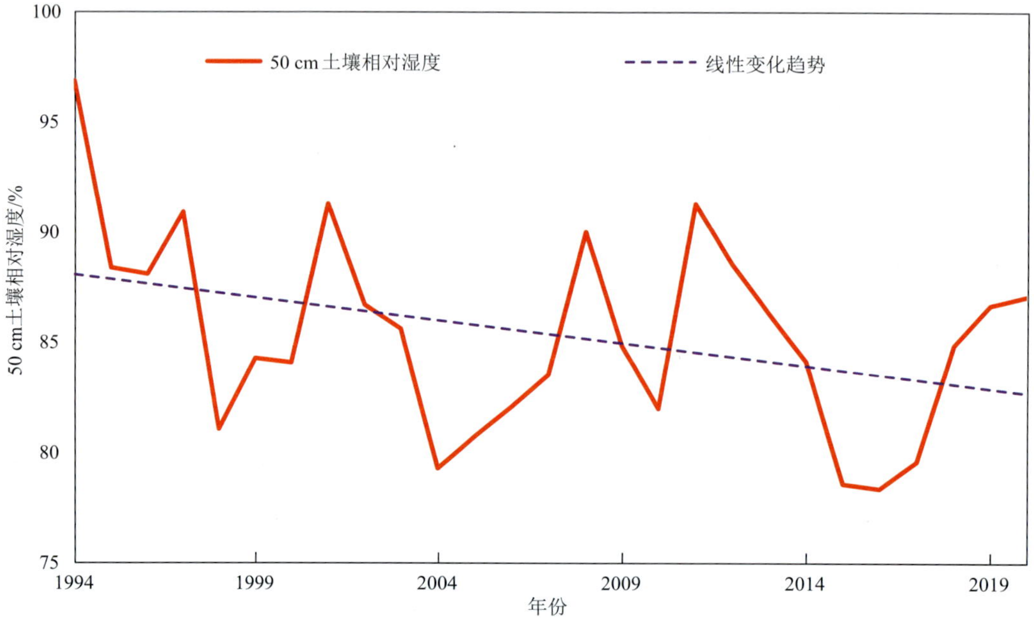

图 2.6　1994—2020 年百色站 50 cm 土壤相对湿度变化

第3章
海　洋

3.1 北部湾海域海表温度

1980—2020年，中国沿海海表温度呈上升趋势，平均每10年升高0.27 ℃。2020年，中国沿海海表温度较常年值偏高0.9 ℃。1961—2020年，北部湾海域(105°—110°E、17°—22°N)海表温度也呈现显著上升趋势，平均每10年升高0.10 ℃。北部湾海域海表温度的年代际变化也明显，1961—1996年，北部湾海域海表温度总体以偏低为主，36年间仅有4年偏高0.1 ℃以上；1997—2020年海表温度总体以偏高为主，仅2005和2011年明显偏低，1997—2020年海表温度平均值为26.3 ℃，比1961—1996年平均值(26.0℃)偏高0.3 ℃。60年间，海表温度最低的年份是1963年，仅25.5 ℃，比常年值偏低0.65 ℃。1997—2003年北部湾海域海表温度持续偏高，其中1998年达26.9 ℃，是60年中最高的年份(图3.1)。

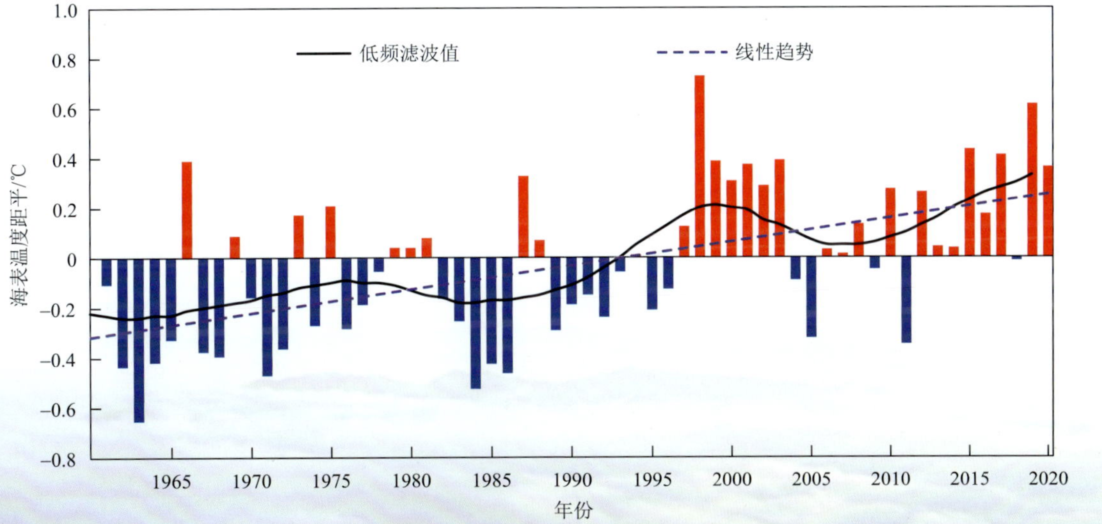

图3.1 1961—2020年北部湾海域海表温度距平变化

2020 年,北部湾海域海表温度为 26.5 ℃,比常年值偏高 0.4 ℃,呈现东部高、向西部逐渐降低的分布,大部海区海表温度偏高明显,温度距平达 0.5 ℃以上,西北沿越南陆地海域以及我国雷州半岛以东的海表温度偏低(图 3.2)。

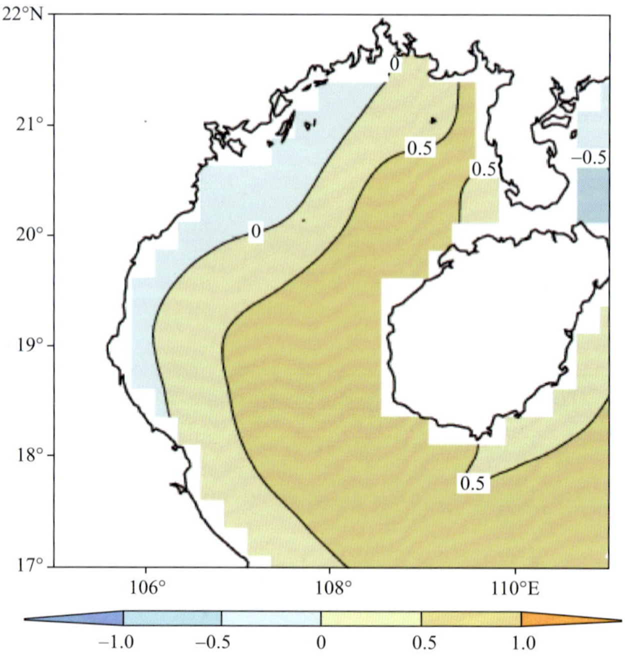

图 3.2　2020 年北部湾海域海表温度距平分布(单位:℃)

3.2　广西沿海海平面变化

气候变暖导致海水热膨胀、冰川冰盖融化、陆地水储量变化等,从而造成全球平均海平面上升。根据《2020 年中国海平面公报》,1980—2020 年,中国沿海海平面变化总体呈波动上升趋势,上升速率为 3.4 mm/a,高于同期全球平均水平。

根据 2002—2020 年《中国海平面公报》,2000 年、2003 年广西沿海海平面分别较常年值(1993—2011 年平均值)偏高 23 mm、20 mm;2006—2020 年,广西沿海海平面呈显著上升趋势,上升速率为2.9 mm/a,其中 2006—2010 年、2011—2015 年、2016—2020 年分别平均较常年值偏高 19 mm、35 mm、50.2 mm(图 3.3)。2007 年为 2000 年以来的海平面最低值,较常年值偏低 7 mm;2012 年和 2017 年并列为 2000 年以来海平面的最高值,较常年值偏高 74 mm。2020 年,广西沿海海平面比常年值偏高 51 mm。总体而言,2000—2020 年广西沿海海平面呈偏高状态。

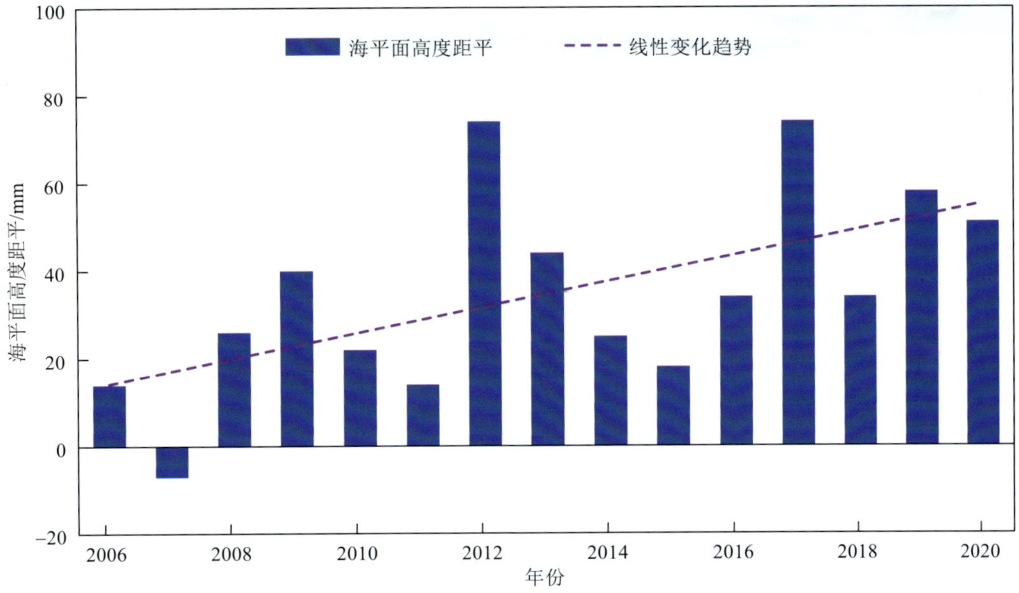

图 3.3　广西沿海海平面高度距平变化(相对于 1993—2011 年平均值)
资料引自 2000—2020 年《中国海平面公报》

第 4 章 生态气候

4.1 物候

物候是生物长期适应季节性变化的环境而形成的生长发育节律(张福春，1985)，由于全球气候变暖，许多地方的气温、降水和日照等气候要素发生了变化，植物物候和动物物候也发生了相应的变化(陆佩玲 等，2006)。

1983—2020 年，桂林雁山农业气象试验站(简称雁山站)苦楝树的春季开花盛期呈显著提前趋势(图 4.1)，提前率为 4.2 d/(10 a)；平均开花盛期为 4 月 17 日，其中，2000 年以后的平均开花盛期为 4 月 12 日，比 2000 年以前平均开花盛期(4 月 22 日)提前了 10 d。同时，1983—2020 年，秋季落叶始期呈显著推迟趋势，平均每 10 年推迟 15.3 d；秋季平均落叶始期为 10 月 8 日，2000 年以后的平均落叶始期为 10 月 19 日，比 2000 年以前的平均落叶始期(9 月 24 日)推迟了 25 d。

1980—2020 年，柳州沙塘农业气象试验站(简称沙塘站)家燕的始见期呈显著推迟趋势(图 4.2)，始见期平均每 10 年推迟约 3.4 d；沙塘站家燕平均始见期为 3 月 2 日，2000 年以后平均始见期为 3 月 6 日，比 2000 年以前的平均始见期(2 月 27 日)推迟了 7 d。绝见期也出现了显著推迟趋势，平均每 10 年推迟约 27.6 d；沙塘站家燕平均绝见期为 10 月 8 日，2000 年以后平均绝见期为 11 月 8 日，比 2000 年以前的平均绝见期(9 月 5 日)推迟了两个多月(64 d)。

以上桂北、桂中动植物的物候变化表明，气候变暖下，春季提前，而秋、冬季推后，生物的生长活动期延长。

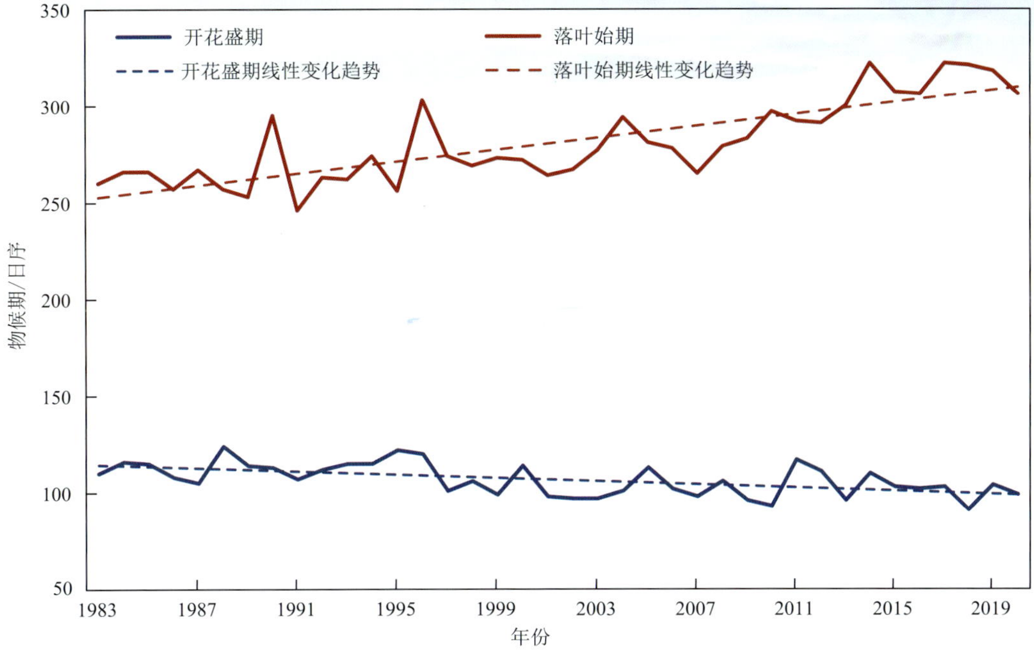

图 4.1　1983—2020 年桂林雁山站苦楝树物候期变化(物候期以 1 月 1 日为 1 编码)

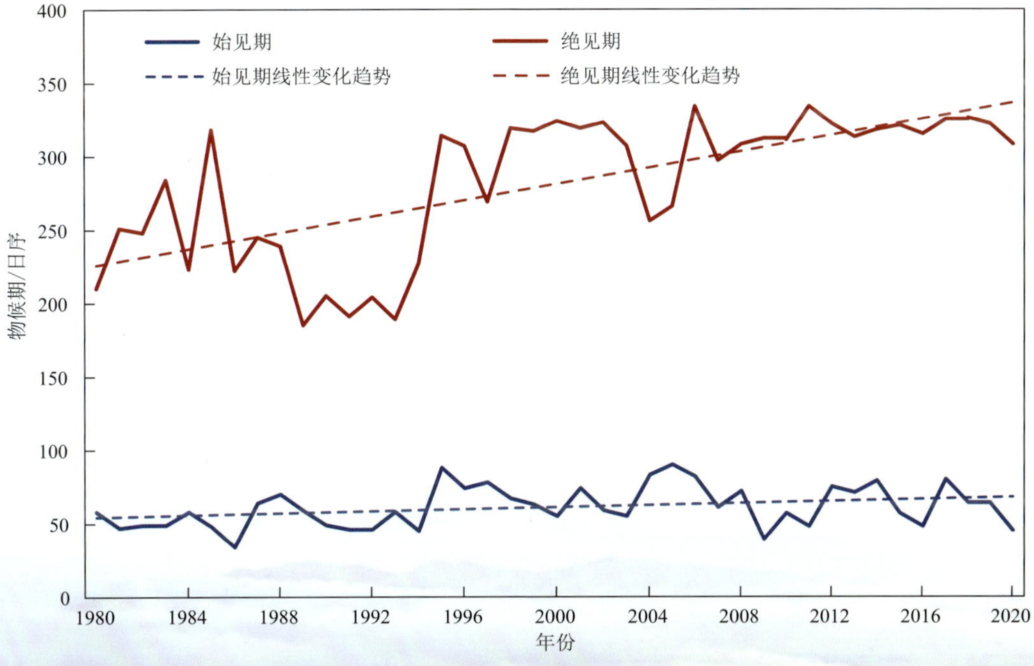

图 4.2　1980—2020 年柳州沙塘站家燕物候期变化(物候期以 1 月 1 日为 1 编码)

4.2 植被

广西是中国岩溶面积最大的地区之一，全区岩溶面积占土地总面积的41%。岩溶地区表层土壤层较薄，地下为溶洞和地下河，水分不易储存，容易干旱，形成石漠化(叶骏菲 等，2019)。石漠化是广西岩溶区突出的生态问题，石漠化区主要分布于广西西北部和中部，根据全国岩溶地区第三次石漠化监测结果：截至2016年，广西石漠化面积153.29万 hm^2，约占广西岩溶面积的18.40%，其中轻度石漠化面积22.37万 hm^2，约占石漠化面积的14.59%；中度石漠化面积46.01万 hm^2，约占石漠化面积的30.01%；重度石漠化面积80.37万 hm^2，约占石漠化面积的52.43%；极重度石漠化面积4.55万 hm^2，约占石漠化面积的2.97% 。近年来，随着退耕还林、森林生态效益补偿等林业生态保护与石漠化区治理措施的实施，人为活动压力减轻，以及区域内良好的水热条件，广西石漠化面积持续减少(Chen et al.，2021)，生态状况稳步向好，广西石漠化治理成效从2015年起至2020年持续稳居全国第一。

2000—2020年，广西石漠化区秋季植被指数呈波动式增加趋势(图4.3)，石漠化区秋季植被指数由2000年的0.67增加至2020年的0.76，植被改善明显的地区占石漠化区总面积的32.2%，改善较好区域主要分布在来宾市大部、柳州市南部和桂林市东北部；植被退化明显的地区占石漠化区总面积的10.6%，改善不明显或变差的区域主要分布于桂林市辖区及其南部、南宁市中西部和崇左市(图4.4)。2020年广西石漠化区总体气象条件较好，利于植被生长，但7月、8月的夏旱和11月、12月的局部区域旱情，造成植被生长受阻，植被长势变差。

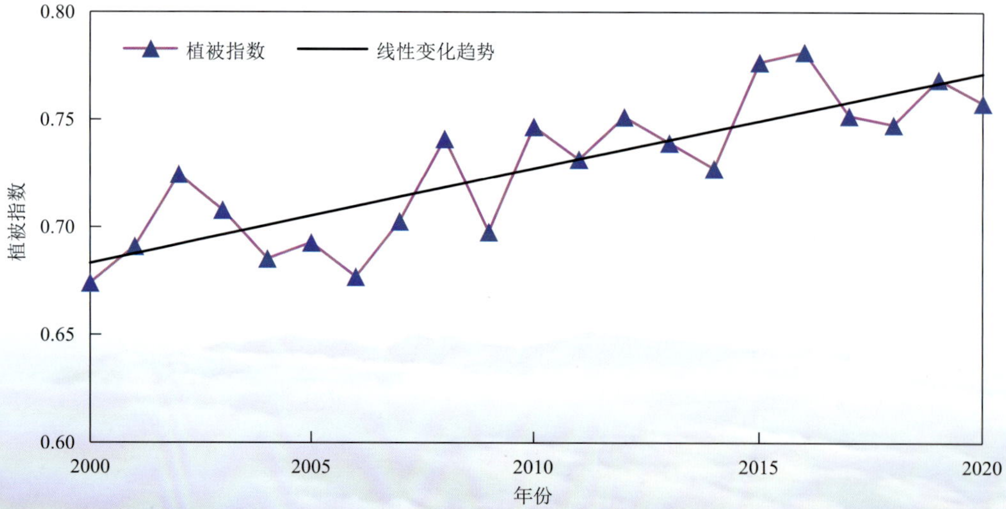

图4.3 2000—2020年广西石漠化区秋季植被指数变化

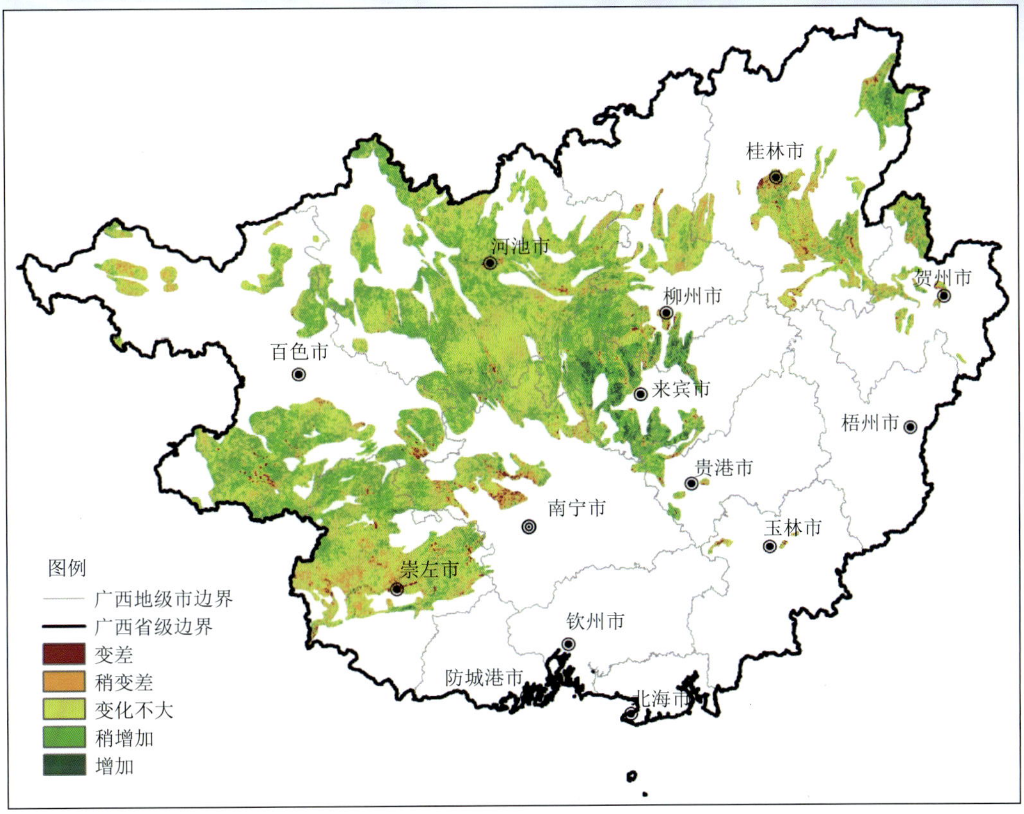

图 4.4　2000—2020 年广西石漠化区秋季植被指数变化空间分布

参考文献

陆佩玲,于强,贺庆棠,2006. 植物物候对气候变化的响应[J].生态学报,26(3):923-929.

叶骏菲,陈燕丽,莫伟华,等,2019.典型喀斯特区植被变化及其与气象因子的关系——以广西百色市为例[J].沙漠与绿洲气象,13(5):106-113.

张福春,1985. 物候[M].北京:气象出版社.

中国气象局气候变化中心,2021. 中国气候变化蓝皮书2021[M]. 北京:科学出版社.

CHEN Y L, MO W H, MO J F, et al,2021. Changes in vegetation and assessment of meteorological conditions in ecologically fragile karst areas[J]. Journal of Meteorological Research, 35(1):172-183.

附录 A

数据来源和统计说明

数据来源

地面气象资料为广西 91 个国家气象观测站 1961—2020 年的地面观测资料。

14 个主要城市为南宁、桂林、柳州、梧州、北海、百色、钦州、玉林、贵港、来宾、贺州、防城港、河池、崇左，使用行政属地的国家气象观测站 1961—2020 年观测资料，其中防城港因观测开始时间为 1992 年，取防城国家气象观测站观测资料为代表，观测起始时间为 1982 年。

高空大气平均气温为 1961—2020 年广西桂林、南宁、梧州、百色 4 个探空站 850 hPa 的数据。

土壤湿度选取百色国家农业气象一级观测站的观测资料。

物候资料为广西桂林雁山、柳州沙塘农业气象试验站的物候观测资料。

热带气旋位置和强度数据来自中国气象局热带气旋资料中心的最佳路径数据集。

北部湾海域海表温度资料来自美国国家海洋和大气管理局（NOAA）再分析资料集 PSD COBE SST（1°×1°）以及 NOAA OI SST V2 高分辨率数据集（0.25°×0.25°）。

石漠化地区植被指数由广西壮族自治区气象科学研究所提供。

广西沿海海平面高度资料引自 2000—2020 年《中国海平面公报》。

气象灾害数据来自《广西气象灾害年鉴》。

统计说明

不同时间尺度的统计时段为：

年值:1—12 月。

汛期值:4—9 月。

季节值:春季 3—5 月,夏季 6—8 月,秋季 9—11 月,冬季 12 月至次年 2 月。

桂北、桂中、桂南区域以国家气象观测站位置分别位于 24°50′N 以北、23°—24°50′N、23°N 以南划分。

附录 B
术语解释

常年值:本报告中,常年值指 1981—2010 年气候基准期的平均值。凡使用其他平均值的值,则用平均值一词。

常年海平面:根据《2020 年中国海平面公报》常年海平面标准,将 1993—2011 年的平均海平面定为常年海平面。

地表平均气温:某一段时间内,陆地表面气象观测规定高度(1.5 m)上的空气温度值的算术平均值。

降水日数:日降水量≥0.1 mm 的日数。

活动积温:植物在整个年生长季中高于生物学最低温度之和,即大于或等于某一临界温度值的日平均气温的总和。

对流层低层平均气温:广西桂林、南宁、梧州、百色 4 个探空站 850 hPa 的年平均气温。

地温:0 cm 地温指陆地表面与空气交界处的土壤温度;20 cm 和 40 cm 地温分别指陆地表面以下 20 cm 和 40 cm 深度处的土壤温度。

单站极端事件:对某一指标历史序列从小到大进行排位,定义序列第 95 百分位值为极端多事件阈值,第 5 百分位值为极端少事件阈值。当某时间段内,单站气象要素指标值达到或超过该指标极端阈值时为发生了单站极端事件。

极端日降水量:日降水量达到或超过极端日降水量阈值称为出现了极端日降水量。

极端高温:日最高气温大于或等于极端阈值。

热夜日数:指日最低气温≥28 ℃的日数。

高温日数:指日最高气温≥35 ℃的日数。

低温日数:指日最低气温≤5 ℃的日数。

年低温日数:指一定区域范围内,各站点一年中日最低气温≤5 ℃日数的多年平均值。

年平均最低气温:指一定区域范围内,各站点一年中日最低气温的平均值。

年极端最低气温:指一定区域范围内,各站点一年中日最低气温的最小值。

年平均最高气温:指一定区域范围内,各站点一年中日最高气温的平均值。

气象干旱综合指数:是由近30 d和近90 d降水量标准化降水指数以及近30 d相对湿润指数进行综合计算而得出,用以表征干旱发生的程度,根据指数分为无旱、轻旱、中旱、重旱和特旱等级。

影响广西的热带气旋:根据广西地方标准《影响和登陆广西的热带气旋》(DB 45/T 2154—2020),当热带气旋或减弱的低压中心进入广西热带气旋影响区(104°—112°E、19°—28°N的区域),满足以下条件之一:a.热带气旋等级达到热带风暴及以上;b.广西国家气象观测站观测到最大日降水量≥25 mm或者大风为影响广西的热带气旋。

影响广西热带气旋年最大强度:以该年进入广西影响区后的热带气旋中心附近最大风速来表征,该年最大值为该年最大强度。热带气旋等级根据国家标准《热带气旋等级》(GB/T 19201—2006)确定。

物候:指生物受气候和水文、土壤等环境因子影响而出现的以年为周期的自然现象,植物物候包括发芽、展叶、开花、叶变色、落叶等,动物物候包括昆虫、候鸟等动物的始鸣、始见、绝鸣、绝见等。

植被指数:对卫星不同波段进行线性或非线性组合以反映植物生长状况的量化信息。本报告使用归一化植被指数。

北部湾海域:北部湾是位于中国雷州半岛、海南岛和广西壮族自治区及越南之间的海湾,面积接近13万km^2,比渤海面积略大。平均水深为42 m,最深达100 m。本书选取北部湾海区范围为105°—110°E、17°—22°N。